AF293477

Fabian Queck

Entwicklung und Programmierung einer Robot Remote Control in LabVIEW

Anwendungen in der Nanostrukturierung

Bachelor + Master
Publishing

Queck, Fabian: Entwicklung und Programmierung einer Robot Remote Control in LabVIEW. Anwendungen in der Nanostrukturierung, Hamburg, Diplomica Verlag GmbH 2012
Originaltitel der Abschlussarbeit: Entwicklung und Programmierung einer Fernsteuerung und von Automatisierungsroutinen eines mechanisch und elektronisch erweiterten kommerziellen Robotersystems in LabView und Anwendungen dieser Routinen in der Nanostrukturierung

ISBN: 978-3-86341-306-4
Druck: Bachelor + Master Publishing, ein Imprint der Diplomica® Verlag GmbH, Hamburg, 2012
Zugl. Universität Regensburg, Regensburg, Deutschland, Bachelorarbeit, Februar 2012

Bibliografische Information der Deutschen Nationalbibliothek:
Die Deutsche Nationalbibliothek verzeichnet diese Publikation in der Deutschen Nationalbibliografie; detaillierte bibliografische Daten sind im Internet über http://dnb.d-nb.de abrufbar.

Die digitale Ausgabe (eBook-Ausgabe) dieses Titels trägt die ISBN 978-3-86341-806-9 und kann über den Handel oder den Verlag bezogen werden.

Inhalt

Abkürzungsverzeichnis

I²C	Inter-Integrated Circuit, zweiadriger Datenbus
XBUS	Extension Bus, Erweiterungsbus
USRBUS	User Bus, Bus zur freien Benutzung durch den Anwender
LED	Light Emitting Diode, Leuchtdiode
IR	Infrarote Strahlung
2D	Zweidimensional
I/O	Input/Output, Ein- oder Ausgang
ADC	Analog Digital Converter, Analog-Digital-Wandler
ACS	Anti Collision System, Antikollisionssystem
LCD, LC-Display	Liquid Cristal Display, Flüssigkeitskristallanzeige
EAGLE	Einfach Anzuwendender Graphischer Layout Editor, Programm zur Erstellung von Platinen
Rx	Receive Data, Daten erhalten
Tx	Transmit Data, Daten senden
SubVI	Unterprogramm in LabVIEW
CO	Kohlenstoffmonoxyd
Cu, Cu(111)	Kupfer, (111)-Ebene
VA	Vision Assistant, Werkzeug in LabVIEW zur Bildverarbeitung
ROI	Region Of Interest, Interessensareal
AFM	Atomic Force Microscope, Rasterkraftmikroskop
STM	Scanning Tunneling Microscope, Rastertunnelmikroskop

1 Einführung in Idee und Aufbau der Arbeit

"Aber ... wozu soll er gut sein?" (Ein IBM-Ingenieur über die Idee des Mikroprozessors, 1968)

[1]

Die Robotik befindet sich seit vielen Dekaden in einem Aufwärtstrend [2]. Anfänglich vorwiegend in Science-Fiction-Filmen, wird die Anwesenheit von Automatisierungstechnik und technischen Helfern aller Art zunehmend realer; sie begleitet uns bereits in der industriellen Fertigung [3], in der Unterhaltungstechnik und immer öfter auch in Küchengeräten, Smartphones und anderen Utensilien des täglichen Lebens [4, 5, 6, 7]. In Fahrzeugen haben dabei die Systeme im Gegensatz zu vielen anderen, oft der Unterhaltung gewidmeten Bereichen, die Aufgabe, den Fahrer nicht nur mehr Komfort, sondern auch mehr Sicherheit zu bieten. Dabei kommen Fahrerassistenzsysteme zum Einsatz, welche in erster Linie Abstände zu vorausfahrenden Fahrzeugen, aber auch seitlich oder hinter dem Fahrzeug überwachen, das Einparken vereinfachen oder sogar selbst durchführen [8]. Doch auch der Fahrzeugführer, unter Anderem seine Aufmerksamkeit, wird mittlerweile durch Sensoren überwacht [9]. Dafür befinden sich in heutigen Fahrzeugen eine große Bandbreite von Mikrocontrollern und Prozessoren, welche die Sensoren überwachen, Aktoren schalten und miteinander kommunizieren oder dem Fahrer wichtige Informationen gegliedert und übersichtlich darstellen.

Doch in der Robotik wird auch in ein anderes Gebiet immer weiter vorgestoßen: in den Bereich von Atomen und Molekülen [10, 11]. Die Robotik wächst gewissermaßen in immer kleinere Bereiche, wobei hier die Fertigung von Nanostrukturen im Vordergrund steht [12, 13, 14].

In der vorliegenden Arbeit wird ein kommerzielles Robotersystem, bestehend aus drei Modulen mit je einem eigenen Mikrocontroller der Atmel-Familie vorgestellt. Dieses System wird durch einige Komponenten – Sensoren und Aktoren – erweitert und mittels Bluetooth von einem PC (Personal Computer) überwacht. Das hierfür verwendete Programm wird in LabVIEW erstellt und übernimmt die Aufgaben der Visualisierung aller Sensordaten, ermöglicht die Fernsteuerung des Roboters durch den Benutzer, sowie die Durchführung und Koordination automatisierter Routinen.

Des Weiteren wird eine dieser Routinen, welche eine Bildverarbeitung beinhaltet, auf ein Gebiet der Nanostrukturierung angewandt: Es sollen mittels Rastertunnelmikroskopie Kohlenstoffmonoxydmoleküle (CO-Moleküle) auf einer Kupferoberfläche automatisiert gefunden und deren Positionen ausgegeben werden.

Die weiterführende Idee dabei ist, dass diese Moleküle einmal aufgenommen und zu ganzen Schaltungen und Gattern zusammengefügt werden können [10, 11, 15, 16].

Damit beginnt der Schritt von der Automatisierungstechnik eines Roboters zur automatisierten Strukturierung in der Nanometerskala.

2 Details des Roboters

Zunächst sollen Routinen und das Verarbeiten von Befehlen in LabVIEW an einem makroskopischen Modell, einem Robotersystem „RP6" der Firma Arexx Engineerings, erprobt und angewendet werden.

Dieses System wird gewählt, da die darauf befindlichen Mikrocontroller aus der ATmega-Reihe stammen und daher in den Programmiersprachen „C" und „CompactC" beschrieben werden können.

Die Systeme sind auch an ein I^2C genanntes Kommunikationssystem angeschlossen. Dieser serielle Datenbus bildet die Hauptverkehrsader für alle Sensor- und Befehlsdaten zwischen den Mikrocontrollern. Außerdem bieten die drei zum RP6 gehörenden kommerziellen Plattformen umfangreiche Hardware, Sensoren und vorbereitete Anschlussmöglichkeiten, sowie eine umfangreiche Bibliothek zum Ansteuern der Aktoren, zum Auslesen der Sensordaten und zur Verwendung serieller Schnittstellen und des Bussystems I^2C.

Ein weiteres Merkmal dieses Robotersystems ist der modulare Aufbau: Jedes weitere Modul kann ohne weitere Umstände auf das Vorhergehende gesteckt werden. Die Verbindung wird dabei durch zwei getrennte Bussysteme gewährleistet, den XBUS und den USRBUS [17]. Während der XBUS (von Expansion Bus, dem Erweiterungsbus) vom Hersteller Arexx bereits belegt ist mit den Leitungen des I^2C, mit der Betriebs- und der Batteriespannung sowie mit einigen weiteren, für die kommerziellen Module wichtigen Leitungen, steht der USRBUS (von User Bus, dem Benutzerbus) mit seinen 14 Leitungen vollständig dem Anwender frei.

Im Folgenden wird der Roboter in Hard- und Software erläutert, Aktoren und Sensoren werden beschrieben und die auf die einzelnen Mikrocontroller geschriebenen Programme werden erklärt.

Danach werden eigene mechanische wie elektronische Erweiterungen aufgezeigt.

Es soll darauf hingewiesen werden, dass die auf den Mikrocontrollern befindlichen Programme grundsätzlich sogenannte „Open Source Software" sind, also öffentliche, nicht durch Rechte geschützte Programme, welche teilweise vom Hersteller des RP6 selbst veröffentlicht werden. Sie sind den Anforderungen dieser Arbeit angepasst und erweitert sowie teilweise umstrukturiert worden.

2.1 Grundsätzliche Strukturen eines C-Programms für Mikrocontroller

Zunächst soll eine allgemeine Struktur eines auf einem Mikrocontroller befindlichen Programms erläutert werden.

Ein Programm besteht aus einem Hauptteil, den Bibliotheken, dem Makefile und dem Hexfile. Der Hauptteil (das sogenannte Mainfile) sowie die Bibliotheken sind hier in den Hochsprachen „C" und „CompactC" geschrieben. In den Bibliotheken werden häufig verwendete Funktionen ausgelagert, wodurch eine einzige Funktion an einer Vielzahl von weiteren Ereignissen beteiligt sein kann. Das Makefile beinhaltet alle für das Beschreiben eines Mikrocontrollers wichtigen Argumente. Dies sind unter Anderem die Mikrocontrollerklasse, die Taktrate und die verwendeten Bibliotheken. Diese Kenntnisse sind wichtig, wenn das Programm kompiliert wird zu einem für den Mikrocontroller verständlichen Maschinencode, welcher in einem Hexfile gespeichert wird. Dieses Hexfile wird dann in den Hauptspeicher des Mikrocontrollers geladen.

Den wichtigsten Programmabschnitt stellt dabei der sogenannte Mainloop dar, eine Schleife, welche bis zum Zurücksetzen des Programms ununterbrochen abläuft. Sie kann folgendermaßen aussehen:

while (1) {…Programmfunktionen…}

Diese Schleife nennt sich while-Schleife und wird solange ausgeführt, bis ihr Argument, hier (1), nicht mehr wahr ist, also Null ist. Da die Eins stets verschieden von Null ist, wird die Schleife immer von Neuem ausgeführt.

In dieser Schleife werden alle wichtigen Programmfunktionen aufgerufen, welche dann abgearbeitet werden. Bei den hier verwendeten Programmen sind dies vorwiegend Funktionen zum Lesen oder Beschreiben der seriellen Schnittstelle und der Kommunikationssysteme zwischen den Mikrocontrollern, zum Auslesen von Sensordaten und zum Schalten von Aktoren wie den Motoren, den LEDs oder den Servomotoren.

Dabei können die im Mainloop aufgeführten Funktionen natürlich ihrerseits selbst Funktionen aufrufen, wobei die Funktionen sowohl im Mainfile als auch in den Bibliotheken stehen können [18, 19, 20].

2.2 Controllersysteme mit einem Master und Slave(s)

Werden in einem System mehrere Mikrocontroller verwendet, gibt es verschiedene Formen, um diese miteinander agieren zu lassen. Das am häufigsten verwendete Modell, welches auch hier seine Anwendung findet, ist das hierarchisch aufgebaute Master-Slave-Modell [21]. Dabei wird ein Mikrocontroller als Kopf, also Master, des Systems bestimmt, während alle weiteren Mikrocontroller als ausführende Organe, also Slaves, fungieren.

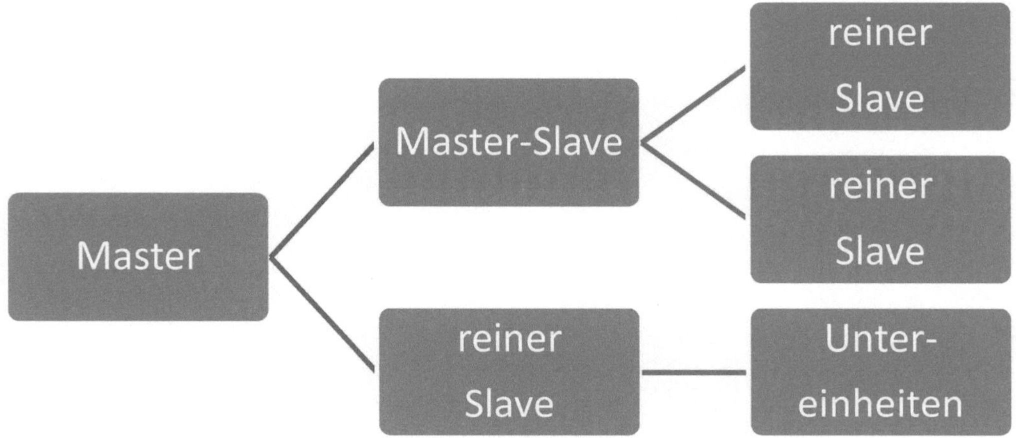

Abbildung 1 – Eine typische Master-Slave-Hierarchie

Die Slaves können dabei auch in vielen Teilbereichen autonom handeln, sind aber auf Anordnungen des Masters angewiesen und geben ihre ermittelten Daten in der Regel an ihn weiter. Es muss erwähnt werden, dass es auch Mischformen gibt, wenn etwa ein Mikrocontroller als Knoten- und Angelpunkt eines Masters fungiert und alle weiteren Datenkommunikationen über ihn laufen. Somit ist er – aus Sicht der ihm angegliederten Mikrocontroller – ein Master, der jedoch seinerseits einem anderen System unterstellt ist.

Diese Situationen sind in Abbildung 1 vereinfacht dargestellt, wobei die Verzweigungen in realen Systemen oft stark erweitert sein können.

Auch das hier verwendete System entspricht einer solchen, erweiterten Master-Slave-Beziehung. Der Computer übernimmt die Rolle des Masters, welcher mit nur einem Mikrocontroller, dem Master-Slave, kommunizieren kann. Dieser Mikrocontroller regelt dann jede weitere Aktion des Roboters, trägt alle Sensordaten zusammen und sorgt für eine funktionierende Kommunikation mit seinem Master (siehe Abbildung 2).

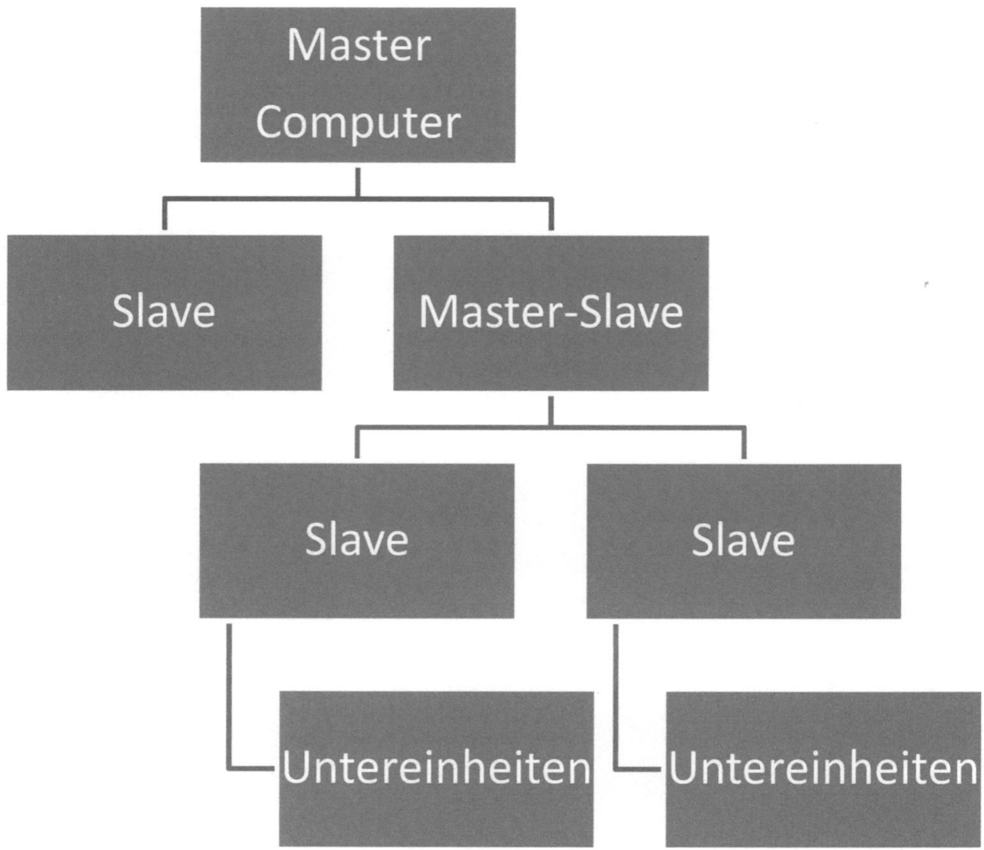

Abbildung 2 – Hier verwendete Master-Slave-Architektur: den Kopf des Systems bildet der Computer; diesem sind zwei Slaves unterstellt (Roboter und eine in 2.7.7 erläuterte Kamera), wobei sich der Roboter in zwei Slaves mit Untereinheiten und dem Master-Slave gliedert

2.3   Die Basiseinheit des RP6

Schon die Basiseinheit des RP6 bietet viele Sensoren und Aktoren. Als Controller kommt ein ATmega32 der Firma Atmel zum Einsatz, betrieben bei einer Taktrate von 8MHz; dies entspricht einer Instruktionenrate von acht Millionen pro Sekunde. Die Basiseinheit besteht nicht nur aus der Platine mit den elektronischen Komponenten, sondern besitzt ein Fahrgestell. In diesem ist Platz für Batterien und für zwei Getriebemotoren. An das Fahrgestell sind zwei Kettenräder montiert [17]. Einen Überblick über die Basiseinheit des RP6 verschafft Abbildung 3.

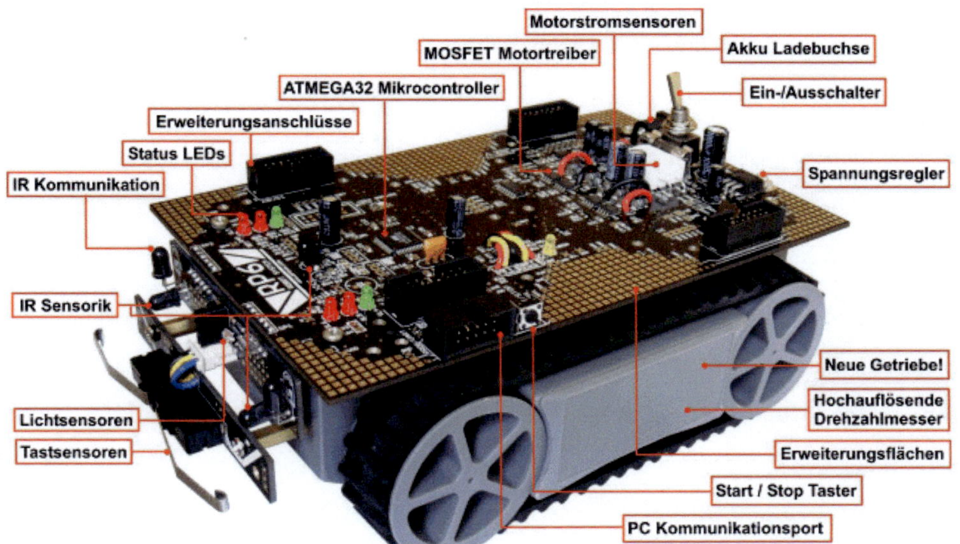

Abbildung 3 – Überblick über das Basismodul des RP6; Quelle: [22]

2.3.1 Aktoren

Die Basiseinheit stellt acht freie I/Os (digitale Ein- bzw. Ausgänge) zur Verfügung, von denen zwei auch als ADCs (Analog-Digital-Wandler, analoge Eingänge) verwendet werden können. Die verbleibenden sechs I/Os sind zur Visualisierung an LEDs angeschlossen. Vier weitere IR-LEDs können zur Kommunikation oder zur Abstandswahrnehmung verwendet werden.

Die Basiseinheit besitzt zwei Getriebe-Gleichstrommotoren, welche unabhängig voneinander die beiden Ketten antreiben können.

2.3.2 Sensoren

Als Sensoren kommen vorwiegend Spannungsteiler zum Einsatz. Solche Spannungsteiler bestehen meist aus zwei in Reihe geschalteten Widerständen, siehe Abbildung 4.

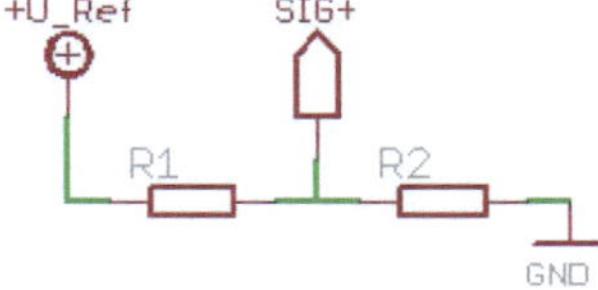

Abbildung 4 – Spannungsteiler mit zwei Widerständen

Die resultierende Spannung nach R1 entspricht dem Verhältnis des zweiten Widerstandes zum Gesamtwiderstand [23]:

$$U_{Sig+} = \frac{R_2}{R_1 + R_2} U_{ref}$$

Das Modell des Batteriespannungssensors verdeutlicht dies. Die maximale Akkuspannung, welche die Spannungsregelung des RP6 verwenden kann, beträgt 10V; jedoch darf der ADC des Mikrocontrollers nicht mehr als 5V erhalten. Somit ergibt sich ein Verhältnis $U_{sig+} = \frac{U_{ref}}{2}$, die Widerstände $R1$ und $R2$ müssen also gleich groß sein. Es werden zwei 100kΩ Resistoren verwendet, da bei diesen Größenordnungen die Leistung, welche durch die Widerstände verbraucht wird, gering ist:

$$P = U * I = 10V * \frac{10V}{100k\Omega} = 0{,}001W = 1mW \text{ [23]}.$$

Darüber hinaus gibt es zwei Helligkeitssensoren und zwei Motorstromsensoren, welche als Spannungsteiler aufgebaut sind. Außerdem kann die Kettendrehzahl jeder Kette durch Reflexlichtschranken und Codierscheiben bestimmt werden, wodurch eine einfache Odometrie – eine Bestimmung von Ortsdaten anhand des Antriebssystems – möglich wird [7, 24, 25, 26].

Ein IR-Sensor kann zusammen mit zwei nach vorne gerichteten IR-LEDs zur Abstandserkennung – dem sogenannten ACS, Anti Collision System – genutzt werden, aber auch zur IR-Kommunikation mit anderen Systemen oder mit einer TV-Fernbedienung, solange diese im Phillips-Standard RC5 sendet [17]. Zuletzt besitzt die Basiseinheit vorne zwei Stoßstangen-Taster, sogenannte Bumper, um Anschläge zu registrieren.

2.3.3 Programm

Das auf dem ATmega32 des Basismoduls befindliche Programm ist ein einfaches Slave-Programm, welches neue Sensordaten in ein Register des I²C schreibt und von dort Befehle erhält. Dieses Programm wird fast vollständig vom Hersteller Arexx Engineerings übernommen und lediglich an die Anforderungen angepasst. Das Mainprogramm kann in Anhang 6.1.1 angesehen werden.

2.4 Die Erweiterung „M32"

Diese erste Erweiterung des RP6 enthält einen weiteren ATmega32, jedoch kann dieser durch eine Taktfrequenz von 16MHz doppelt so viele Instruktionen pro Sekunde abarbeiten, wie der Mikrocontroller der Basiseinheit [17, 27].

2.4.1 Aktoren

Neben der Möglichkeit, ein LC-Display anzuschließen, ist des Weiteren ein Piezo-Tongeber (Beeper) vorhanden, vier LEDs, fünf Taster sowie 14 frei zu verwendende I/Os, wovon 6 als ADCs verwendet werden können.

2.4.2 Sensoren

Die Erweiterung M32 bietet zwar viele Möglichkeiten für eigene Erweiterungen, hat jedoch nur eine Sensoreinheit, ein Mikrofon mit sogenanntem Peak-Detektor. Dabei wird für ein festes Zeitintervall die Amplitude gemessen, jedoch wird nur der Maximalwert in einem Kondensator gespeichert und kann über einen ADC eingelesen werden.

Abbildung 5 – Das Erweiterungsmodul M32; erkennbar ist der Mikrocontroller (Mitte), die vier LEDs (unterer Bildrand) und die fünf Taster (links); Quelle: [27]

2.4.3 Programm

Wie die Basiseinheit, ist auch das Modul M32 ein Slave und wird verwendet, um die Zustände der Taster und die Werte des Mikrofons über den I²C-Bus an den Master weiter zu geben und vom Master Befehle zur Ausführung entgegen zu nehmen. Sämtliche I/Os können als Ausgänge für Servomotoren verwendet werden. Das Hauptprogramm ist in Anhang 6.1.2 einzusehen.

2.5 Die Erweiterung „M128"

Als zweite Erweiterung steht ein Modul mit einem ATmega128 bei 14,7456MHz zur Verfügung. Da dieser Mikrocontroller durch seine hohe Speicherkapazität und seine Leistungsfähigkeit den beiden anderen Mikrocontrollern weit überlegen ist, wird er als Master eingesetzt [28].

2.5.1 Aktoren

Diese Einheit ist, wie die Erweiterung M32, mit einem Piezo-Tongeber und einer Anschlussmöglichkeit für ein LC-Display ausgestattet, bietet zusätzlich 19 frei zur Verfügung stehende

I/Os, wovon acht auch als ADCs genutzt werden können, sowie fünf an weitere I/Os gekoppelte LEDs. Drei der I/Os können hier zur Ansteuerung von drei Servomotoren verwendet werden.

2.5.2 Sensoren

Auch dieses Erweiterungsmodul hält nur eine Sensoreinheit, einen an den I^2C-Bus angeschlossenen Temperatursensor TCN75 der Firma Microchip, bereit [29].

Der große Nutzen solcher Erweiterungseinheiten liegt jedoch in ihren vielfältigen Verwendungsmöglichkeiten, welche durch eine große Anzahl vorgefertigter Sensoren eingeschränkt werden würde.

2.5.3 Programm

Das auf dem ATmega128 installierte Programm wird, anders als bei der Basiseinheit oder dem M32-Modul, nicht in der Programmiersprache „C", sondern in „Compact C" beschrieben (siehe 6.1.3). Es kann sowohl als Master, wie auch als Slave dargestellt werden: das Modul sammelt alle eigenen Daten, sowie solche, die über den I^2C-Bus von den Slave-Einheiten kommen und gibt den beiden Slavemodulen Steuerbefehle wie Fahrbefehle oder neue Servomotorpositionen. Jedoch ist es, aus Sicht des eigentlichen Masters – des PCs – ein Slave, da der Controller alle gesammelten Daten über die serielle Schnittstelle an den PC weitergibt und von ihm Befehle erhält.

Der Roboter sendet dabei seine Daten in Form eines Endlosstrings. Jeder Sensorwert nimmt Zahlen von 0..1023 für analoge oder 0 bzw. 1 für boolesche Werte an und wird durch einen Doppelpunkt von einem Buchstabenkürzel, welches den betreffenden Sensor charakterisiert, getrennt. Nach jedem Datensatz eines Sensors findet ein Zeilenumbruch statt. Der Doppelpunkt zusammen mit dem Zeilenumbruch ermöglicht später wiederum das Auftrennen des Strings in seine einzelnen Komponenten und das Zuordnen von Werten zu seinem Sensor. Ein solcher String kann wie folgt aussehen:

...

BumpL: 1

BumpR: 0

Bat:901

...

In diesem Fall ist also der linke Bumper (BumpL) gedrückt (1), der rechte (BumpR) jedoch nicht (0). Der Ladezustand der Batterie (Bat) befindet sich bei 901 von möglichen 1023, also bei 88%.

Insgesamt muss der Mikrocontroller jedoch 36 Sensorwerte übermitteln, zeitgleich aber auch Befehle erhalten und eigene Aufgaben wie das Stellen von Servomotoren oder die Weitergabe von Steuerbefehlen an die Slaveeinheiten erledigen. Daher werden die Daten zunächst in eine weitere

Variable „old*SensorX*" geschrieben. Weicht ein neuer Sensorwert von dem alten ab, wird er gesendet. Handelt es sich um den gleichen Wert, wird er verworfen. Diese Vorgehensweise entlastet den Mikrocontroller und die Übermittlungseinheit (siehe 2.7.3) erheblich.

Das Empfangen von Daten des Computers funktioniert ähnlich. Er wird durch eine Raute (#) eingeleitet und durch einen Stern (*) beendet. Dazwischen stehen mindestens zwei, höchstens fünf durch einen Doppelpunkt getrennte Parameter. Der erste Wert kennzeichnet die Art des Befehls; so trägt ein Fahrbefehl die Ziffer „1", ein Befehl für Servomotoren die Ziffer „2", der Stoppbefehl die Ziffer „7" und so fort (vergleiche Anhang 6.2). Die letzte Komponente ist eine nach jedem Befehl inkrementierte Befehlszahl Modulo 100. Sie zeigt dem Mikrocontroller, ob der Befehl aktuell ist oder ob ein Befehl mehrfach gesendet oder empfangen wurde. Außerdem kann so vermieden werden, dass ein im Mikrocontroller angekommener und gespeicherter Befehl mehrfach ausgeführt wird.

Alle weiteren Parameter sind Werte, welche der jeweiligen Aktion zuzuordnen sind. So braucht ein Fahrbefehl auch für jede Kette eine Geschwindigkeit und eine Fahrtrichtung. Ein typischer Befehlsstring könnte folgendermaßen aussehen:

$$\#1{:}50{:}25{:}0{:}87*$$

Diesen Befehl überprüft nun der Mikrocontroller der M128 auf Richtigkeit, also auf Anfang (#) und Ende (*) sowie auf Korrektheit der Befehlszahl (87). Danach wird über den I^2C-Bus an das Basismodul der Fahrbefehl gegeben, sich vorwärts (0, der vierte Parameter) mit einer Geschwindigkeit von 50 Zähleinheiten (von 200 möglichen) mit der linken Kette und mit 25 Zähleinheiten auf der Rechten zu bewegen. Der Roboter wird also eine Kurve nach rechts fahren.

Durch diese Programmierung wird jede Reaktion auf Sensorwerte an den Computer abgegeben, was Vorteile durch die hohe Rechenleistung eines Computers hat, jedoch auch Nachteile bringt. Diese sind in der Reaktionszeit unter anderem nach Bumper-Anschlägen zu bemerken. Vom Anschlag bis zum Stoppen der Motoren vergehen 240ms. Dies ist nicht viel, jedoch würde sich diese Zeitspanne deutlich verringern, wenn man schon in den Controllern auf gewisse Ereignisse reagieren könnte. In diesem Projekt wird jedoch explizit darauf verzichtet, da das LabVIEW-Programm auf dem Computer weiterhin jede Aktion bestimmen soll. Das Mainprogramm kann in Anhang 6.1.3 eingesehen werden.

Abbildung 6 – Das Erweiterungsmodul M128, hier ohne Mikrocontroller dargestellt; Quelle: [28]

2.6   Andere Module als Master

Es soll hier noch angemerkt werden, dass das Modul M128 nicht unbedingt der Master sein muss. Bei Abwesenheit dieser Erweiterung liegen auch Programme vor, welche das M32-Modul oder auch die Basiseinheit als Hauptmodul initialisieren würden. Das würde an dem in Kapitel 3 beschriebenen LabVIEW-Programm nichts ändern, es könnten lediglich nicht alle Sensorwerte und Aktoren dargestellt respektive gesteuert werden. Dennoch werden in den Masterprogrammen für die M32 und für die Basis die gleichen Befehls- und Sensorstrukturen verwendet, wie in der hier beschriebenen Version mit dem Modul M128 als Master. Somit wird auch in dem LabVIEW-Programm die Modularität des RP6 umgesetzt.

2.7   Mechanische und elektronische Erweiterungen

Der RP6 ist dazu gedacht, eigene Sensorschaltungen zu entwickeln; es handelt sich also nicht um ein fertiges Produkt zur reinen Anwendung, sondern um eines mit weitreichendem, individuellem Potenzial. Die hier verwendeten, teilweise selbst konstruierten Module werden im Folgenden näher beschrieben.

Um auch bei Rückwärtsfahrten auf Anstöße an Gegenständen reagieren zu können, sind am Heck des RP6 zwei Bumper angebracht und an zwei der freien I/Os der Basiseinheit angeschlossen. Diese Stoßstange wird mit EAGLE (Einfach Anzuwendender Graphischer Layout Editor) realisiert [30, 31].

Es sollte dennoch auch schon vor einem Anstoßen auf Objekte reagiert werden können, weswegen den Bumpern zwei IR-Abstandssensoren GP2D12 der Firma Sharp hinzugefügt sind [32]. Diese bieten eine sehr einfache Installation durch einen analogen 0..5V-Ausgang, welcher direkt an einen ADC eines Mikrocontrollers angeschlossen werden kann. Der ADC-Wert verläuft dann nahezu linear mit dem Abstand [32]. Jedoch ist auch ein Nachteil der IR-Abstandserkennung zu nennen: da hier mit Licht im infraroten Bereich gearbeitet wird, können Störungen durch das Umgebungslicht zwar durch periodische Modulation der IR-Diode unterdrückt werden, aber die Reflektivität der Oberfläche eines Objekts hängt stark von dessen Beschaffenheit und der Farbe ab [32]. So können weiße Oberflächen besser, das heißt früher detektiert werden als schwarze, bei glänzenden oder durchsichtigen Oberflächen treten vermehrt Probleme auf. Darüber hinaus benötigen die IR-LEDs sehr viel Strom. Eine Lösung für diese Probleme würden Ultraschall-Abstandssensoren liefern, die sogar eine deutlich höhere Reichweite besitzen und weniger Strom verbrauchen. Nachdem die Kosten von solchen Ultraschall-Abstandssensoren jedoch diejenigen der Sharp GP2D-Reihe bei Weitem übersteigen und die obigen Probleme für diese Arbeit nicht essentiell sind, wird weiterhin die IR-Abstandserkennung verwendet. Ein einzelner Ultraschall-Abstandssensor wird in 2.7.8 beschrieben.

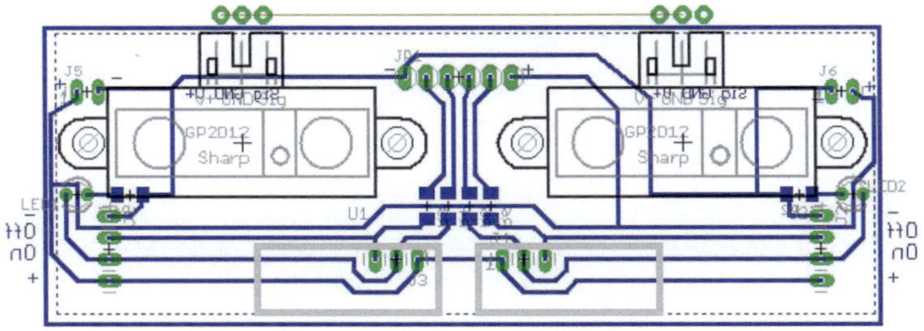

Abbildung 7 – EAGLE-Schaltplan der hinteren Stoßstange mit den beiden Sharp GP2D12-Sensoren und den beiden Bumpern (graue Rechtecke am unteren Bildrand); die LEDs 1 und 2 visualisieren Bumper-Anschläge

Das Problem des hohen Stromverbrauchs kann durch die Abschaltbarkeit der Sensoren durch einen BUZ11-Transistor (npn-Typ) eingedämmt werden (siehe Abbildung 8).

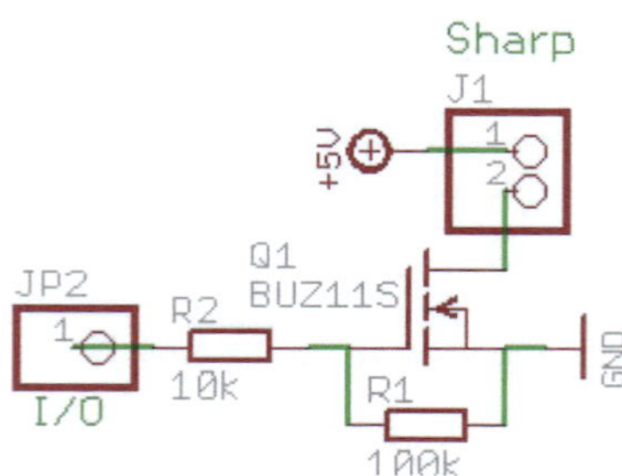

Abbildung 8 – EAGLE-Schaltplan für die Abschaltbarkeit der Sharp GP2D12-Abstandssensoren durch einen BUZ11

Im Fernsteuerungsprogramm kann die Abstandserkennung manuell (de-)aktiviert werden; sie kann aber auch automatisch bei Rückwärtsfahrten an- und ansonsten abgeschaltet werden. Außerdem wird der Strom durch einen Zweitakku eingespeist, also nicht durch den Hauptakku, welcher durch das Antriebssystem und die IR-Abstandserkennung am vorderen Fahrzeugteil schon hoch belastet ist.

2.7.2 Scheinwerfer

Die Basiseinheit wird mit ultrahellen weißen und roten LEDs für Scheinwerfer ausgestattet. Um die Abstrahlcharakteristik der vorderen LEDs zu verbessern, werden sie in Parabolspiegel gefasst. Da ihr Stromverbrauch sehr hoch ist, werden sie durch einen BUZ11-Transistor (npn-Typ) schaltbar installiert (siehe Abbildung 9).

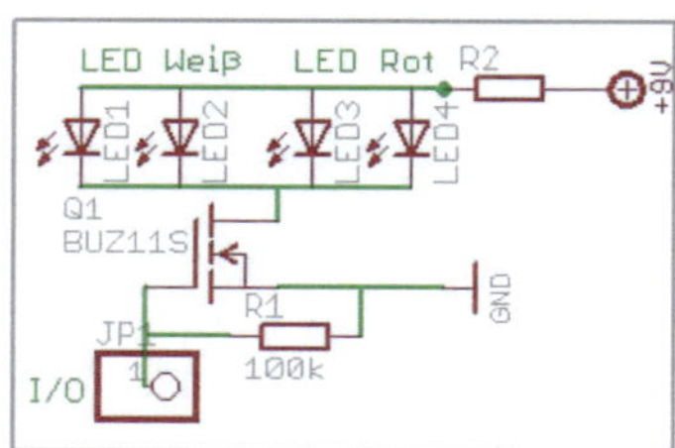

Abbildung 9 – Schaltplan der Scheinwerfer; LEDs 1 und 2 sind ultrahelle, weiße LEDs; 3 und 4 sind rote LEDs; ein Leistungsstarker BUZ11 schaltet die LEDs

2.7.3 Bluetooth-Modul BTM222

Der RP6 bietet durch seine Hard- und Software die Möglichkeit, über eine serielle Schnittstelle zu kommunizieren [17]. Der Vorteil einer seriellen Schnittstelle liegt dabei in der dualen Übertragung, wodurch gleichzeitiges Senden und Empfangen von Daten möglich ist. Da jedoch eine Übertragung via Kabel für ein mobiles Gerät keine Alternative darstellen kann, wird auf ein kostengünstiges und dabei leistungsstarkes (sogenanntes Class1-Modul) Bluetooth-Modul BTM222 der Firma Rayson zurückgegriffen [33]. Dieses bietet eine ebenso einfache Übertragung mit gleichzeitigem Senden und Empfangen wie eine Kabelverbindung und ist dabei in seiner Bauform sehr kompakt, ausgestattet mit einer leistungsstarken Chipantenne im SMD-Format und niedrig im Stromverbrauch. Drei Nachteile müssen genannt werden. Zum Einen verwendet das BTM222 einen 3,3V-Pegel, wogegen die Mikrocontroller der Atmel ATmega-Reihe mit einem 5V-Pegel arbeiten. Diesem Problem wird durch ein Aufnahmemodul mit eigener Spannungsregelung und einem Pegelwandler Rechnung getragen [34]. Zum Anderen liegt der Sendebereich von Bluetooth bei 2,4GHz – einem Bereich, auf dem auch jedes Wireless-LAN, Mikrowellenherde, aber auch die in diesem Projekt verwendete Funkkamera (siehe 2.7.7) senden. Dabei kann es in seltenen Fällen zu Fehlübertragungen kommen. Dieses Problem ist nicht gravierend und die Auswirkungen kurzzeitig fehlerhafter Parameter könnten bei Bedarf durch Integration über mehrere Messwerte schnell gemindert werden. Zuletzt muss die im Vergleich mit anderen Funksystemen relativ geringe Reichweite genannt werden. Sie beträgt – je nach Umgebung – zwischen 10 und 30 Metern und ist damit durchaus für ein solches Projekt ausreichend.

Daher wird nach Abwägung von Vor- und Nachteilen und wegen der äußerst geringen Kosten gegenüber vergleichbaren Funksystemen auf dieses Bluetooth-Modul zurückgegriffen.

2.7.4 Akkuanzeige

Das Programm auf dem Computer ist ausgestattet mit einer Anzeige für die beiden Akkus. Dennoch soll auch direkt am Roboter der Ladezustand beider Akkus ersichtlich sein, weswegen zwei Anzeigen mit EAGLE realisiert werden (siehe Abbildung 10). Diese besitzen je eine LED-Zeile mit sieben grünen und drei roten LEDs, sowie je einen zehnfachen LED-Treiberbaustein LM3914 [35], welcher hier als Komparator dient. Der Anzeigebereich des Moduls kann über ein Potentiometer und weitere Widerstände eingestellt werden. In diesem Projekt liegen die Grenzen der Anzeige bei 10V und 5V, der rote Anzeigebereich beginnt ab etwa 6,5V.

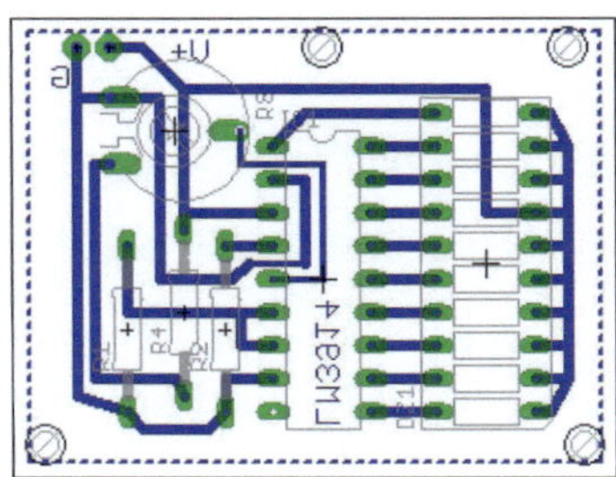

Abbildung 10 – Schaltung der Akkuzustandsanzeige mit einer 10-LED-Leiste (rechts im Bild). Das Potentiometer (links, oben) erlaubt eine Feinjustage auf den maximalen und minimalen Spannungswert, welche hier bei 10V und 5V liegen.

Ein weiteres Element in diesem Projekt bildet das mit zwei Pyrosensoren der Firma PerkinElmer [36] ausgestattete „Snake Vision Modul" der Firma Arexx Engineerings, welches zwei 0..5V-Analogausgänge besitzt und es somit ermöglicht, die Wärmestrahlung vor dem Roboter zu detektieren [37]. Dadurch können Gegenstände, die eine deutlich höhere Wärmestrahlung als ihre Umgebung haben – also Kerzen, Glühbirnen oder auch eine Hand – registriert werden und es wird erkannt, ob sich dieses Objekt links oder rechts vor dem Sensor befindet. Das Modul enthält dabei alle wesentlichen elektronischen Komponenten wie Operationsverstärker und eine eigene 5V-Regelung, welche hier jedoch aufgrund der konstanten Versorgungsspannung durch den RP6 nicht benötigt wird. Das Modul besitzt auch einen Taster [38].

Abbildung 11 – Das Snake Vision Modul der Firma Arexx Engineerings; vorne sind die beiden Pyrosensoren erkennbar sowie der Operationsverstärker und der Taster (Mitte); Quelle: [22]

Das Snake Vision wird auf zwei Servomotoren am Heck des RP6 angebracht, wodurch nicht nur die Wärmestrahlung hinter dem RP6 beobachtet werden kann, sondern auch je 80 links und rechts des Roboters sowie über ihm.

Es wird ein fertiges Modul zur zweidimensionalen IR-Abstandserkennung der Firma Dagu Hi-Tech Electronic angebracht [39]. Dieses besteht im Wesentlichen aus vier leistungsstarken IR-LEDs und vier kreisförmig um die IR-LEDs angeordneten Paaren von IR-Transistoren, welche ein Ausgangssignal von 0..5V haben, je nach Abstand eines Objekts vom Sensor. Außerdem besitzt dieses Modul bereits einen Transistor (PN100, npn-Typ), um das gesamte Modul bei Bedarf zu deaktivieren.
Der Vorteil dieses Systems gegenüber dem in 2.3.2 und 2.7.1 beschriebenen ACS liegt in der flächendeckenden Abtastung der Sensoren. Sie detektieren nicht nur Gegenstände direkt vor dem Sensormodul, sondern auch seitlich sowie über und unter dem Modul und können damit unter Anderem die Orientierung einer Fläche gegenüber dem Sensor messen.

Neben dem Effekt, Abstände messen zu können, wirken die vier IR-LEDs für die in 2.7.7 beschriebene Funkkamera auch als Nachtsichtgerät, da die Kamera auch IR-Licht detektieren kann. Dieses Modul wird ebenfalls auf zwei Servomotoren installiert.

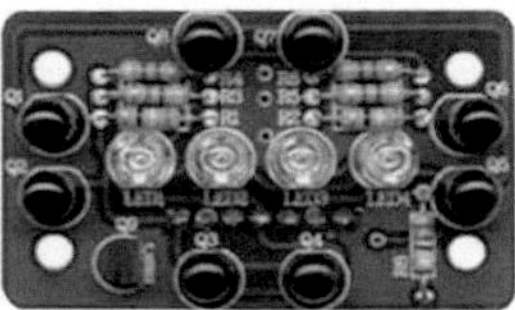

Abbildung 12 – Der 2D-IR-Abstandssensor; erkennbar sind die vier IR-LEDs sowie die in Paaren angeordneten acht IR-Sensoren; links unten befindet sich der Transistor PN100; Quelle: [40]

Es muss erwähnt werden, dass dieses Modul im Gegensatz zu den Sharp-Sensoren aus 2.7.1 durch Umgebungslicht gestört werden kann. Die IR-LEDs sind nicht in einer festen Frequenz moduliert, wodurch unter Anderem direktes Sonnenlicht sehr hohe Messwerte liefert. Da der Roboter stets in Räumen benutzt und getestet wird, ist dieses Problem jedoch nicht entscheidend und findet daher keine weitere Beachtung.

2.7.7 Funkkamera auf Servomotoren

Eine in Aufbau und Programmierung aufwendigsten der hier verwendeten Sensoren bildet eine Funk-Farbkamera der Firma Pollin mit einem 2,4GHz-USB-Empfänger [41]. Dadurch wird es ermöglicht, dass Live-Bilder des Roboters von dem PC dargestellt und vor allem ausgewertet werden können. Dabei bietet eine Kamera umfangreiche Möglichkeiten wie Objekt-, Farb- oder Konturenerkennung.

Abbildung 13 – Die Funk-Farbkamera mit USB-Empfänger; Quelle: [42]

Wegen des großen Stromverbrauchs wird sie an die Batterieeinheit des Zusatzmoduls M64 (siehe 2.7.9) angeschlossen und durch das Programm abschaltbar gemacht.

Da auch die Kamera schwenkbar sein soll, ist sie auf zwei Servomotoren angebracht.

Die Abstandssensoren, welche infrarotes Licht verwenden, haben – wie in 2.7.1 beschrieben – gewisse Nachteile, sind jedoch kostengünstiger. Dennoch wird ein einzelner Ultraschall-Abstandssensor des Typs SRF02 (<u>S</u>onic <u>R</u>ange <u>F</u>inder) der Firma Devantech Ltd. an die Kamera montiert. Dieser Sensortyp erlaubt es, mit nur einer Komponente abwechselnd zu senden und zu empfangen, wogegen ältere Modelle einen gesonderten Sender neben dem Empfänger benötigen. Somit ist die Bauform sehr klein und leicht. Die Reichweite ist mit 15 bis 6000mm überragend, wobei die Stromaufnahme mit nur 4mA äußerst gering ist [43]. Das SRF02 kann sowohl über den I^{2}C-Bus angesprochen und ausgelesen werden, als auch über eine serielle Schnittstelle. In diesem Projekt wird das Modul über den I^{2}C-Bus betrieben. Dem Sensor wird zunächst die gewünschte Längeneinheit (mm, Inch oder uS) mitgeteilt, woraufhin der Sensor 65ms für eine Messung benötigt. Danach wird das Messergebnis im angegebenen Längenmaß zurückgegeben.

2.7.9   Neue Erweiterungsplatine „M64"

Da einige Sensoren wie die Sharp-IR-Sensoren oder eine Funkkamera durchaus einen hohen Stromverbrauch aufweisen, wird eine Zusatzplatine mit EAGLE geplant und umgesetzt. Ihr Layout ist dabei an das des RP6 angeglichen. Im Folgenden werden die einzelnen Komponenten beschrieben (siehe Abbildung 14).

Die Erweiterung enthält einen eigenen Anschluss für einen Akku inklusive Kurzschluss- und Verpolungsschutz sowie einen Spannungssensor für diese Stromversorgung und eine eigene 5V-Spannungsregelung (a), einen Verteiler für die elf möglichen Servomotoren mit eigener, abgesicherter und durch einen npn-Transistor mit genügend Strom aufbereitete 6,6V-Spannungsregelung (d) und eine Aufnahme für ein Bluetoothmodul zur Datenkommunikation (e). Ebenso sind die in Kapitel 2 beschriebenen Bussysteme des RP6 enthalten (c und g).

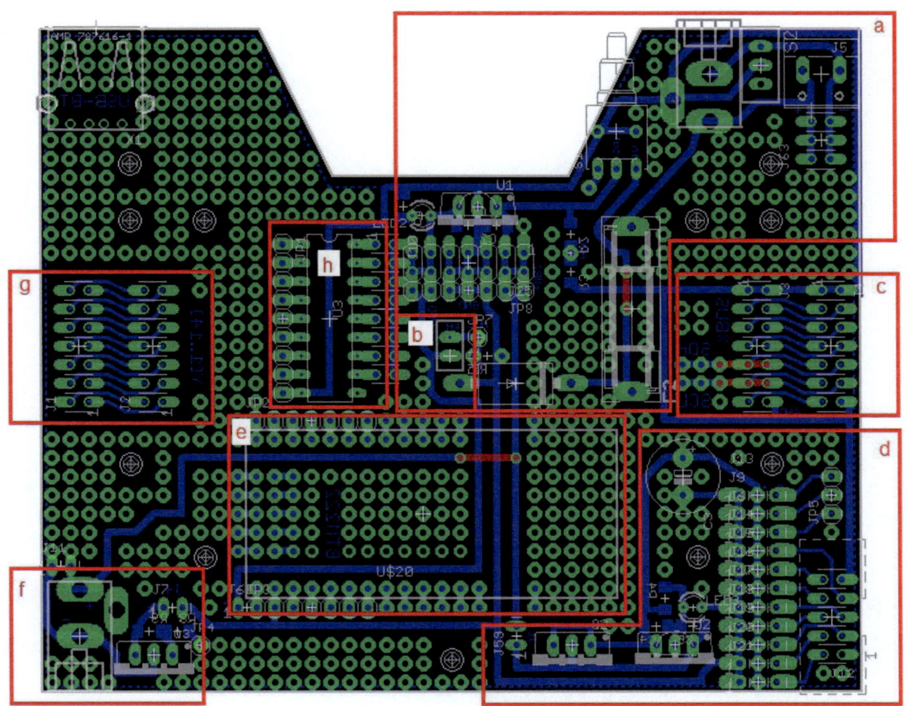

Abbildung 14 – Belegungsplan der Erweiterung M64. a: Spannungsversorgung mit Ladegerät-Buchse, 5V-Regler mit LED, Pinherausführungen für Masse, Batterie- und Versorgungsspannung; die über eine Sicherung auf Masse laufende Diode gewährleistet einen verpolungsischeren Akkuanschluss sowie einen Schutz vor Kurzschlüssen. b: Feuchtigkeitssensor. c: Bussystem XBUS des RP6. d: Verteiler für bis zu elf Servomotoren; eigener 5V-Regler, durch eine LED gegen Masse auf 6,6V gehoben; der Transistor versorgt die Servomotoren darüber hinaus mit genügend Strom; der Kondensator schützt vor kurzzeitigen Spannungspulsen. e: Aufnahme für Bluetoothmodul BTM222. f: Anschlussmöglichkeit für größere Verbraucher wie der Kamera; abschaltbar durch BUZ11-Transistor. g: Bussystem USRBUS; enthält 14 frei zu verwendende Pins. h: der LED-Treiberbaustein ULN2803 kann acht kleinere Verbraucher bis 600mA schalten. Die USB-Buchse oben links dient nur als Aufbewahrung für den Bluetooth-USB-Sender des Computers.

Um hohe Verbraucher, aber auch kleinere Schaltungen abschaltbar zu machen, kommen zum Einen mechanische Jumper zum Einsatz, zum Anderen auch npn-Transistoren, um momentan unnötige Verbraucher durch den Mikrocontroller zu deaktivieren (h und f).

Da neben der Temperatur und der Helligkeit eine weitere Komponente der Umwelt gemessen werden soll, wird ein einfacher Feuchtigkeitssensor (b) der Firma Sencera eingebaut [44].

Abbildung 15 – Platine M64; in der Mitte ist das BTM222 erkennbar, darüber liegen Sicherung, I/O-Erweiterung sowie die 5V-Regelung; links und rechts sind die Bussysteme erkennbar; unten links liegt der Transistor für größere Verbraucher; unten rechts befindet sich der Verteiler für elf Servomotoren

In Anlehnung an die beiden kommerziellen Module „M32" und „M128" lautet der Name für das neue Modul „M64". Es ist ein passives Modul, da es keinen eigenen Mikrocontroller beinhaltet. Der Schaltplan ist im Anhang unter 6.3 auf Seite VII aufgeführt.

2.7.10 Das Gehäuse

Zur leichteren Anbringung mechanischer Komponenten wie LC-Display, Akkuanzeige und Servomotoren, sowie zum Schutz der elektronischen Elemente, wird ein aus Aluminium und dünnem Plexiglas bestehendes Gehäuse um den RP6 gebaut (siehe Abbildung 17). Dadurch wird der gesamte Roboter zwar schwerer, was den Strombedarf der Motoren erhöht, jedoch sind die Verkabelung und die Elektronik geschützt. Das kommt vorwiegend den Mikrocontrollern zu Gute, da sie ansonsten vor kapazitiven Lasten, welche durch Berührung entstehen können, nicht abgeschirmt sind.

2.8 Das Gesamtkonzept des Roboters

Wie in 2.2 beschrieben und in Abbildung 16 ersichtlich, handelt es sich bei dem Roboter um eine Zusammensetzung vieler unterschiedlicher Komponenten.

Der Computer stellt in diesem System die oberste Hierarchiestufe dar und kommuniziert lediglich mit dem passiven Empfangsmodul M64, welches die direkte Verbindung zum Mikrocontroller des Moduls M128 herstellt. Ihr unterstellt sind parallel beide Erweiterungen M32 und Basis. An jede Modulkomponente sind weitere Einheiten wie Servomotoren, das Antriebssystem und andere angegliedert.

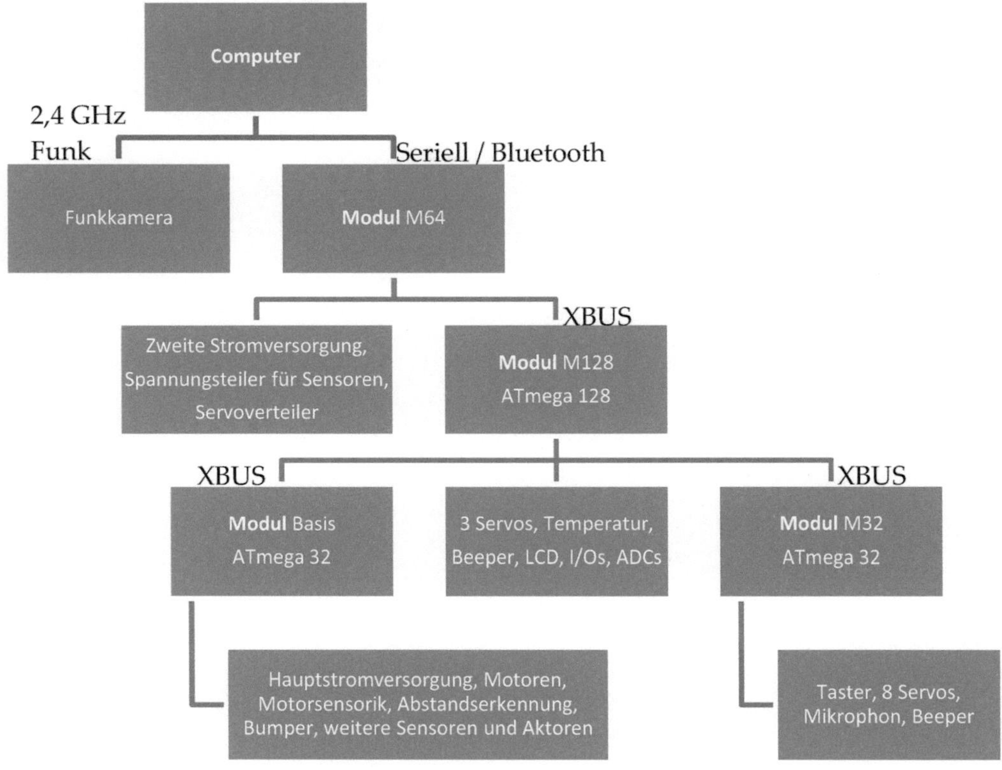

Abbildung 16 – Struktur des Roboters RP6 und seiner Komponenten

Die Funkkamera stellt eine eigene Rubrik dar, da sie parallel zum Subsystem RP6 Daten an den Computer sendet, jedoch nicht weiterhin von ihm oder durch den Roboter beeinflusst werden kann. Den RP6 und alle seine hier beschriebenen Komponenten zeigt Abbildung 17.

Abbildung 17 – Der RP6 mit allen Komponenten; im Hintergrund ist das Snake Vision Modul erkennbar sowie die Kamera mit dem SRF02 und der aktivierte 2D-IR-Abstandssensor, je auf zwei Servomotoren; der RP6 ist von einem Gehäuse aus Plexiglas und Aluminium umgeben; erkennbar sind auch die beiden Scheinwerfer mit ultrahellen weißen LEDs

3 Das LabVIEW-Programm

Die gesamte Datenauswertung wird durch den Computer geleistet. Alle Sensorwerte sollen graphisch dargestellt werden; der Roboter soll zum Einen fernsteuerbar sein, zum Anderen soll das Programm die Möglichkeit besitzen, den Roboter automatisiert etwa einer Licht- oder Wärmequelle folgen zu lassen. Das zeigt die hohen Anforderungen, die das Programm auf dem Computer erfüllen muss. Daher wird auf das im Laboralltag bekannte Software-Entwicklungswerkzeug LabVIEW der Firma National Instruments zurückgegriffen.

3.1 Die LabVIEW-Entwicklungsumgebung

LabVIEW ermöglicht es, über eine Vielzahl von Schnittstellen der Computerperipherie Daten zu erhalten und mit Hilfe graphisch aufbereiteter Werkzeuge zu bearbeiten. Auch das Darstellen von Daten anhand analoger, boolescher oder numerischer Anzeigen gelingt mit LabVIEW sehr unkompliziert und ohne Umwege über lange Codezeilen mancher nichtgraphischer Programmiersprachen [45].

Die Programmieroberfläche gliedert sich dabei in ein Blockdiagramm und ein Frontpanel, welches dem Benutzer später nur die für ihn wichtigen Informationen und Messinstrumente darstellt. Der eigentliche Programmablauf wird in dem Blockdiagramm programmiert. Dieses enthält alle nötigen Hintergrundinformationen, Konstanten und Funktionen, über welche die Elemente des Frontpanels und die Schnittstellen des Computers verknüpft sind.

Funktionen bestehen vorwiegend aus vorgefertigten Unterprogrammen, sogenannten SubVIs, aber auch aus eigenen Unterfunktionen, welche zu einem SubVI zusammengefasst werden können. Sie erleichtern die Programmierung erheblich, da eine oft verwendete Funktion so einmalig geschrieben werden, aber an vielen Bereichen des Programms teilhaben kann. Ebenso kann die Programmieroberfläche des Blockdiagramms durch SubVIs deutlich bereinigt werden, was der Lesbarkeit zugute kommt. SubVIs entsprechen den in 2.1 beschriebenen Bibliotheken.

Weitere wichtige Elemente des Blockdiagramms sind while-Schleifen, for-Schleifen, Sequenzen, Case-Strukturen und Ereignisstrukturen (siehe Abbildung 18). While-Schleifen laufen solange von Neuem ab, bis sie durch einen Stoppbefehl beendet werden. For-Schleifen funktionieren ähnlich wie while-Schleifen, allerdings nur für eine vordefinierte Anzahl von Wiederholungen. Sequenzen bestehen aus mehreren Rahmen, welche immer nacheinander in definierter Reihenfolge ablaufen. Eine Case-

Struktur frägt den eingehenden Wert nach booleschen, numerischen oder Stringwerten ab. Eine Ereignisstruktur kann auf beliebige Ereignisse wie Tastatur- oder Mauseingaben reagieren.

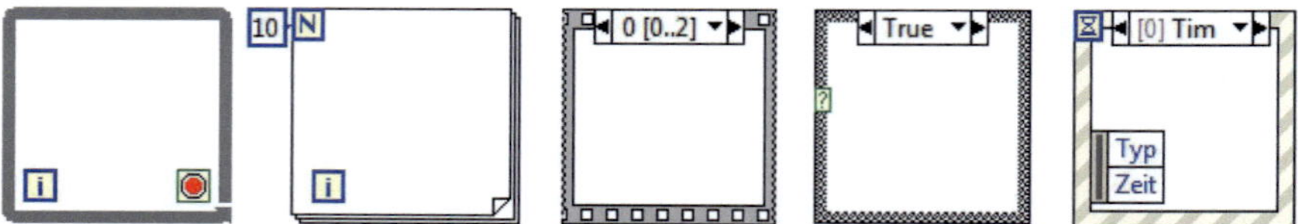

Abbildung 18 – Die fünf Hauptelemente eines Blockdiagramms; von links: while-Schleife; for-Schleife für 10 Wiederholungen; Sequenz mit drei Rahmen 0, 1 und 2; Case-Struktur, hier für boolesche Werte True (wahr) und False (falsch); Ereignisstruktur.

3.2 Grundaufbau des Programms

Das Programm gliedert sich in drei Abschnitte, wie in Abbildung 19 zu sehen ist. Zunächst wird eine Initialisierungsroutine aktiviert, welche im Wesentlichen verschiedene Parameter auf vordefinierte Werte setzt und die zweite Programmphase, also den Hauptteil, einleitet. Somit wird gewährleistet, dass alle Abschnitte des Hauptprogramms zeitgleich gestartet werden. Dieses besteht aus mehreren while-Schleifen, welche vom Rechner annähernd parallel ausgeführt werden können. Werden die while-Schleifen beendet, folgt eine Routine, welche alle Messinstrumente zurücksetzt, dem Roboter einen letzten Stopp-Befehl übermittelt und danach die Serielle Schnittstelle schließt.

Die einzelnen while-Schleifen werden im Folgenden näher erläutert.

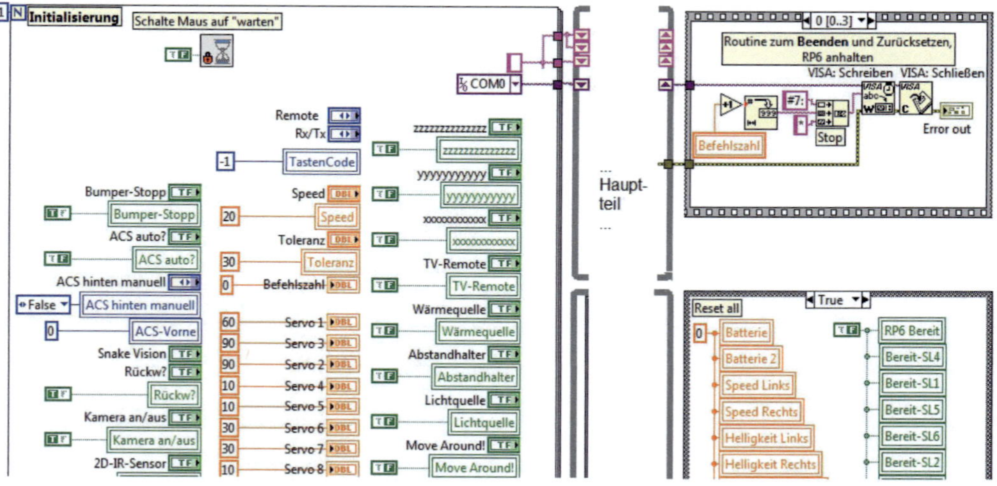

Abbildung 19 – Grundstruktur des LabVIEW-Programms; links ist die Initialisierungsphase erkennbar; rechts eine Routine zum Beenden aller Schleifen, zum Stoppen des Roboters und zum Zurücksetzen aller Anzeigen und der seriellen Schnittstelle; in der Mitte befinden sich die verschiedenen while-Schleifen des Hauptprogramms

3.3 Senden und Empfangen von Daten

Wie in 2.5.3 aufgezeigt, erwartet der RP6 Befehle in einer definierten Form und sendet seine Daten ebenfalls in einer festen Struktur.

Zunächst wird in der obersten while-Schleife die serielle Schnittstelle einmalig in einem SubVI „COM öffnen.vi" initialisiert. Es folgt das Auslesen der empfangenen Daten und das Senden der Befehle in einem weiteren SubVI „Rx-Tx.vi". *Rx* und *Tx* stehen dabei für die in der seriellen Datenkommunikation üblichen Begriffe *receive data* (Daten empfangen) und *transmit data* (Daten übermitteln).

Nur, wenn Daten Empfangen werden, also der Roboter bereit ist, wird der Mauszeiger aktiviert und zusätzlich signalisiert eine LED die Bereitschaft. Dies kann einfach durch die Länge des empfangenen Strings überprüft werden; hat sie eine von Null verschiedene, positive Länge, wird die Bereitschaft des Roboters angenommen (links in Abbildung 20).

Die empfangenen Daten müssen nun entschlüsselt und auf numerischen Instrumenten dargestellt oder weiterverarbeitet werden. Dabei wird jede Zeile auf einen Doppelpunkt „:" durchsucht. Es folgt eine Case-Struktur, welche den Abschnitt zwischen einem Zeilenanfang und dem Doppelpunkt nach Schlüsselbegriffen abfragt und dementsprechend den Wert nach dem Doppelpunkt in ein Anzeigeinstrument schreibt (rechts unten in Abbildung 20).

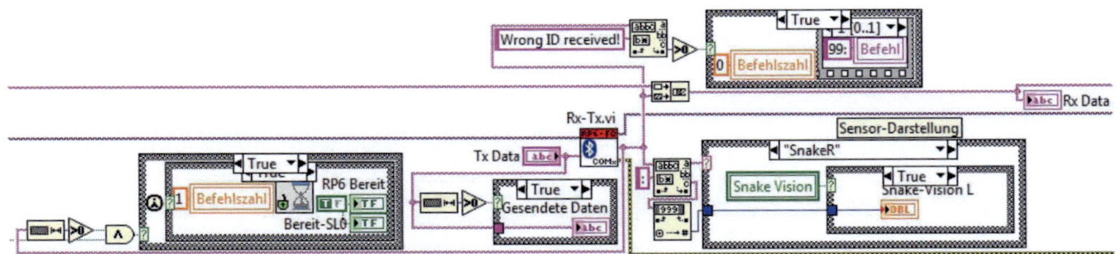

Abbildung 20 – Senden und Empfangen von Daten; das SubVI „Rx-Tx.vi" übernimmt das Senden und Empfangen von Daten; die Case-Struktur unten rechts stellt die Messwerte graphisch dar; die Struktur darüber setzt wenn nötig die Identifikationsnummer des Roboters und des Computers zurück; die Case-Struktur links übernimmt die Anzeige der Bereitschaft des Roboters

Ist ein Sensor deaktiviert, sollen die Anzeigeinstrumente nicht aktualisiert werden, da auch bei abgeschalteten Sensoren die analogen Messwerte durch magnetische oder elektrische Felder in der Umgebung schwanken können.

Alle Daten, welche der Computer erhält, werden zusätzlich zu einem Endlosstring zusammengefügt und im Frontpanel angezeigt.

Sollte die Befehlsidentifikationsnummer (vergleiche 2.5.3) des Computers nicht mehr mit der des Roboters übereinstimmen, wird eine Fehlermeldung an den Computer übermittelt. Es erfolgt ein Befehl an den Roboter, welcher ein Zurücksetzen der Identifikationsnummern im Mikrocontroller (rechts oben in Abbildung 20, Befehlsnummer 99) einleitet. Sie wird auch im Computer zurückgesetzt.

Die zu sendenden Daten werden in anderen while-Schleifen zusammengefügt und dann in eine lokale Variable „Tx Data" geschrieben. Diese Variable übergibt den fertigen Befehl dann an das SubVI „Rx-Tx.vi"; zusätzlich werden alle gesendeten Befehle im Frontpanel dargestellt (Mitte unten in Abbildung 20).

3.4 Befehlsverwaltung

Ein Befehl, welcher an den Roboter gesendet wird, braucht eine vordefinierte Struktur (siehe 2.5.3). Zunächst werden alle für die Aktion nötigen Parameter zu einem String verknüpft und in die lokale Variable „Befehl" geschrieben. Dies ist in Abbildung 21 gezeigt.

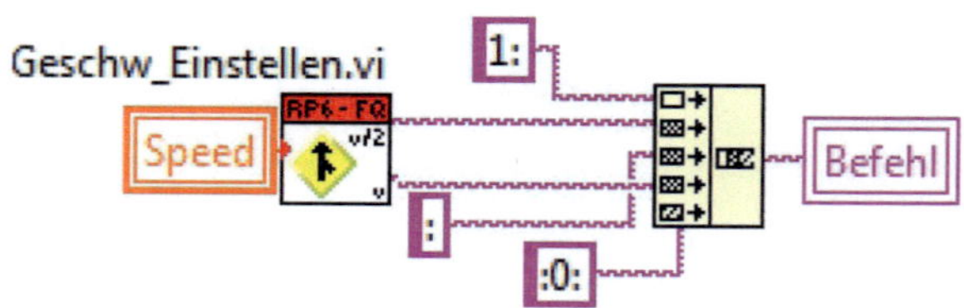

Abbildung 21 – Zusammensetzung eines Befehls; dieser wird in die lokale Variable „Befehl" geschrieben

In dieser Anwendung wird der Fahrtbefehl (1) mit der Geschwindigkeit (zweiter und vierter Parameter von oben) und dem Richtungsparameter (0, vorwärts) verknüpft. Die Parameter sind wieder durch einen Doppelpunkt getrennt. Die Geschwindigkeit wird in einem SubVI „Geschw_Einstellen.vi" geregelt, welches den eingestellten Geschwindigkeitsparameter über die lokale Variable „Speed" erhält. Hier soll eine linke Kurve gefahren werden, weswegen die rechte Kette mit der eingestellten Geschwindigkeit fahren soll, die linke jedoch nur mit der Halben.

Der so zusammengestellte Befehl wird an die zweite while-Schleife übergeben. Hier wird die Variable „Befehl" um den fehlenden Identifikationsparameter sowie um die nötigen Strukturelemente (Raute und Stern) erweitert und an die lokale Variable „Tx Data" abgegeben. Das Verknüpfen des Strings wird von einem weiteren SubVI „BefehlszahlenRechner.vi" erledigt. Diese Situation ist in Abbildung 22 dargestellt.

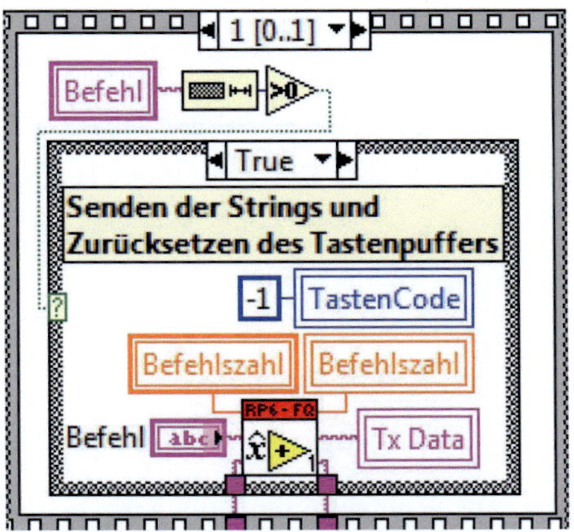

Abbildung 22 – Vervollständigen des Befehls in einem SubVI, welches die momentane Identifikationsnummer (Befehlszahl) und den verbleibenden Befehl erwartet; ausgegeben wird die neue Befehlszahl sowie der fertige Befehl

3.5 Hauptschleife

Die wichtigste Schleife beinhaltet verschiedene Teilbereiche. Zum Einen werden die möglichen Programmarten (Fernsteuerung durch Tastaturbefehle, Fernsteuerung durch eine TV-Fernbedienung, Umherfahren und Ausweichen, Wärme- und Lichtquellensuche, Abstand einhalten) in einem Array zusammengefasst und zu einem numerischen Wert verknüpft. Dieser wird in einer Case-Struktur abgefragt. Die Zusammensetzung ist in Tabelle 1 dargestellt.

Wert	Routinenname	Beschreibung
0	Keine Routine	Übermittelt einen Stoppbefehl an den Roboter
1	Fernsteuerung	Fernsteuerung durch die Pfeiltasten der Tastatur
2	TV-Remote	Fernsteuerung über eine TV-Fernbedienung
4	MoveAround!	Umherfahren und Ausweichen
8	Wärmequelle	Vergleicht detektierte Wärmestrahlung rechts und links vor dem Snake Vision Modul
16	Lichtquelle	Vergleicht detektierte Helligkeit rechts und links vor den Lichtsensoren
32	Abstandhalter	Hält einen gespeicherten Abstandsmittelwert des 2D-IR-Sensors ein
Sonst.	Voreinstellung	Entspricht jedem nicht definierten Wert (u.a. das gleichzeitige Aktivieren zweier Routinen); es werden alle Routinen abgeschaltet

Tabelle 1 - Mögliche Eingangswerte bei der Abfrage der eingestellten Routinen

Zum Anderen enthält sie eine Sequenz, in welcher weitere Tastaturbefehle abgearbeitet werden und der Befehl, wie in Abbildung 22 gezeigt, zusammengesetzt wird. Außerdem gibt es hier die Möglichkeit, Befehle direkt einzugeben oder die Routinen durch Taster auf der Erweiterung M32 oder dem Snake Vision Modul zu starten. Die einzelnen Teilbereiche werden im Folgenden beschrieben.

3.5.1 Fernsteuerung durch Tastatur

Die Fernsteuerung durch die Tastatur bildet das Hauptelement des Programms. Durch eine Ereignisstruktur wird der sogenannte Scancode, eine für jede Taste der Tastatur festgelegte Zahl, abgefragt. Eine Auflistung aller möglichen Befehle mit ihrer zuständigen Taste sind in Tabelle 2 gegeben.

Taste	Scancode	Beschreibung, Befehl
Escape	1	Beenden des gesamten Programms
Pfeiltasten	72, 80, 75, 77	Steuerung der Richtung des Roboters
Leertaste	57	Stopp
Enter	28	Beeper für eine Sekunde, Standard-Kammerton a=440Hz
+, -	78, 74	Geschwindigkeitsparameter um zehn Einheiten erhöhen/senken
*, /	55, 53	Scheinwerfer an/aus
W,S	17, 31	Servomotor 1 vor/zurück
A,D	30, 32	Servomotor 2 vor/zurück
Q,E	16, 18	Servomotor 3 vor/zurück
T,G	20, 34	Servomotor 4 vor/zurück
F,H	33, 35	Servomotor 5 vor/zurück
R,Z	19, 21	Servomotor 6 vor/zurück
I,K	23, 37	Servomotor 7 vor/zurück
J,L	36, 38	Servomotor 8 vor/zurück
U,O	22, 24	Servomotor 9 vor/zurück
P,Ö	25, 39	Servomotor 10 vor/zurück
L,Ä	38, 40	Servomotor 11 vor/zurück

Tabelle 2 – Tastaturbefehle, ihre Scancodes und ihre zugehörige Aktion

Dabei sind alle Befehle auch in anderen Routinen oder bei abgeschalteten Routinen ausführbar, lediglich die Pfeiltastensteuerung erfolgt nur innerhalb der Fernsteuerungsroutine. Es können bis zu elf Servomotoren angesteuert werden, wobei in diesem Projekt nur sechs verwendet werden.

Um eine einwandfreie Steuerung durch die Pfeiltasten zu ermöglichen, müssen nicht nur gedrückte, sondern auch losgelassene Tasten detektiert werden. Es gibt neun Fahrbefehle (vor, zurück, Drehung links, Drehung rechts, Kurve links vor, Kurve rechts vor, Kurve links zurück, Kurve rechts zurück, Stopp) und nur vier Pfeiltasten. Diese Abfrage erledigt eine eigene while-Schleife, welche eine Ereignisstruktur enthält. Diese reagiert auf die beiden Ereignisse „Taste gedrückt" und „Taste losgelassen". Dabei wird ein String „Fahrtrichtung" mit vier Ziffern, welche die Werte Null und Eins annehmen können, je nach gedrückten Pfeiltasten kombiniert. Dieser String lautet etwa „1010" für die gedrückten Tasten „vor" und „links", „0000" für keine gedrückte Taste, „1000" für die Taste „vor" und so fort. Nach diesem String kann nun in einer Case-Struktur unterschieden werden. Dort werden dann die jeweiligen Fahrtbefehle wie in 3.4 beschrieben zusammengefügt.

3.5.2 Fernsteuerung mittels einer TV-Fernbedienung

Wird die Routine „TV-Remote" aufgerufen, kann der Roboter mit einer handelsüblichen TV-Fernbedienung gesteuert werden, wenn sie die Kommunikation über RC5 unterstützt [17]. Die übertragenen Daten enthalten dabei drei Bereiche: fünf Bits mit der Geräteadresse, wodurch verschiedene Roboter mit mehreren Fernbedienungen gleichzeitig gesteuert werden könnten. Es folgen sechs Bits mit den Werten der gedrückten Taste (Keycode genannt) und ein sogenanntes Togglebit, welches bei jeder neuen Tastenaktion invertiert wird. Somit kann das mehrmalige Drücken derselben Taste detektiert werden [17].

In dieser Routine wird nun der Keycode in einer Case-Struktur abgefragt und bei Bedarf auch das Togglebit. Die möglichen Aktionen können in Tabelle 3 eingesehen werden.

Taste	Beschreibung
1-9	Fahrtrichtungen, 5 ist Stopp
Vol+/-	Servomotor 1 vor/zurück
Prog+/-	Servomotor 2 vor/zurück
Lautlos	Beeper für eine Sekunde, Standard-Kammerton a=440Hz
Aufnahme, Stopp	Scheinwerfer an/aus
Off	Routine abschalten

Tabelle 3 - TV-Fernbedienung; Tasten und ihre Befehle

3.5.3 Umherfahren und Ausweichen

Die Routine „MoveAround!" ist eine häufig in Robotersystemen angewendete Sequenz, welche den Roboter geradeaus fahren lässt. Wird ein Hindernis seitlich vor dem Roboter durch das ACS erkannt, versucht er auszuweichen; befindet sich ein Objekt frontal vor dem Roboter, bleibt er stehen, dreht sich, bis das Objekt nur noch seitlich vor ihm oder verschwunden ist. Danach fährt er wieder weiter.

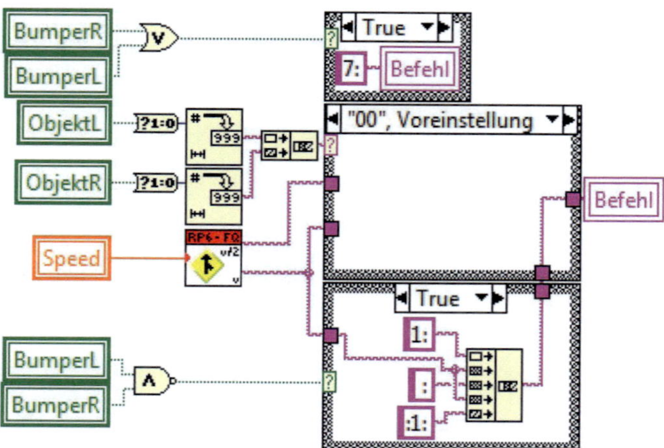

Abbildung 23 – In der MoveAround!-Routine werden Objekte vor dem Roboter und Bumperanschläge beachtet

Für den Fall, dass das ACS ein Objekt nicht erkennt (siehe 2.7.1), führen Anschläge an den Bumpern zu einem sofortigen Stopp der Motoren. Man beachte dabei die Hierarchie in Abbildung 23: das ACS wird nur beachtet, wenn kein Bumper gedrückt ist (untere Case-Struktur).

3.5.4 Wärmequellensuche

In der Routine „Wärmequelle" werden die beiden in 2.7.5 beschriebenen Pyrosensoren ausgewertet und miteinander verglichen. Zunächst wird dafür das Modul Snake Vision aktiviert. Da in diesem Projekt der Sensor am Heck des RP6 angebracht ist, muss die Routine auch dafür sorgen, dass Fahrbefehle rückwärts ausgeführt werden. Der Aufbau dieses Programmteils ist in Abbildung 24 dargestellt.

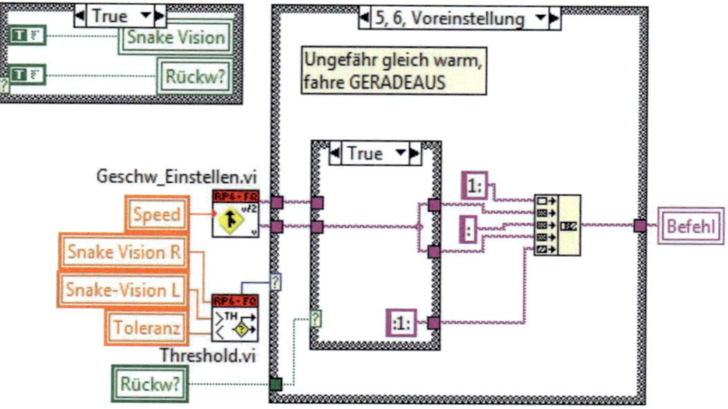

Abbildung 24 – Wärmequellensuche: Bei der Suche nach der größten thermischen Strahlung wird zunächst das Snake Vision Modul aktiviert; da sich das Modul am Heck des RP6 befindet, müssen Fahrbefehle in Rückwärtsrichtung ablaufen; die beiden Thermosensoren des Snake Vision Moduls werden verglichen und dementsprechende Fahrbefehle generiert

Überschreitet die Differenz beider Sensoren eine einstellbare Toleranz, so wird dies in einem SubVI „Threshold.vi" registriert und je nach höherem Wert erfolgt eine von fünf numerischen Ausgaben, welche dann in einer Case-Struktur abgefragt werden kann. Dort kann dann auf das jeweilige Ereignis reagiert werden. Liegt die Differenz unter der Toleranzschwelle, fährt der RP6 geradeaus mit der eingestellten Geschwindigkeit. Liegt der Unterschied über der Schwelle, fährt der RP6 eine Kurve in die Richtung des höheren Wertes. Überschreitet jedoch die Differenz das Zehnfache des Schwellwertes, wird sich der RP6 in die jeweilige Richtung auf der Stelle drehen, bis die Abweichung der Werte nicht mehr so groß ist.

3.5.5 Lichtquellensuche

Eine Routine, welche im Aufbau der Wärmequellensuche gleicht, ist die Suche nach einer Lichtquelle (siehe Abbildung 24). Dabei werden die an der vorderen Stoßstange der RP6-Basis befestigten lichtsensitiven Widerstände verwendet. Ebenso wie bei dem Vergleich der Thermosensoren gibt es fünf Fälle, nach denen in einem SubVI „Threshold.vi" unterschieden wird. Jedoch kann hier der RP6 die Routine in Vorwärtsrichtung ausführen und die Lichtsensoren müssen nicht extra aktiviert werden.

3.5.6 Einhalten von Abständen

In der Routine „Abstandhalter" wird der 2D-IR-Abstandssensor aus 2.7.6 einbezogen. Dieser liefert vier Werte von 0..1023, welche den Abstand eines Objektes vor den Sensoren darstellen. In diesem Programmabschnitt wird zunächst der Sensor aktiviert, der Toleranzwert auf 50 gesetzt und die Registrierkarte wird auf der Seite „Distanz" geöffnet (siehe Abbildung 25). Die Toleranz von 50 ist ein in einigen Testläufen ermittelter Wert. Sehr hohe Werte lassen zu viele Abstandsänderungen zu, sehr niedrige Werte hingegen verursachen ein häufiges Hin- und Herfahren des Roboters. Wird der Taster „Speichern" gedrückt, wird der Mittelwert der vier Sensoren in ein Register geschrieben und künftig mit dem momentanen Durchschnitt verglichen. Anders als in den Such-Routinen aus 3.5.4 und 3.5.5 wird hier jedoch nur vorwärts und rückwärts gefahren, sobald sich der Mittelwert zu sehr vom Gespeicherten unterscheidet. Einen Überblick über die Vorgänge des Blockdiagramms und das zugehörige Frontpanel liefert Abbildung 25.

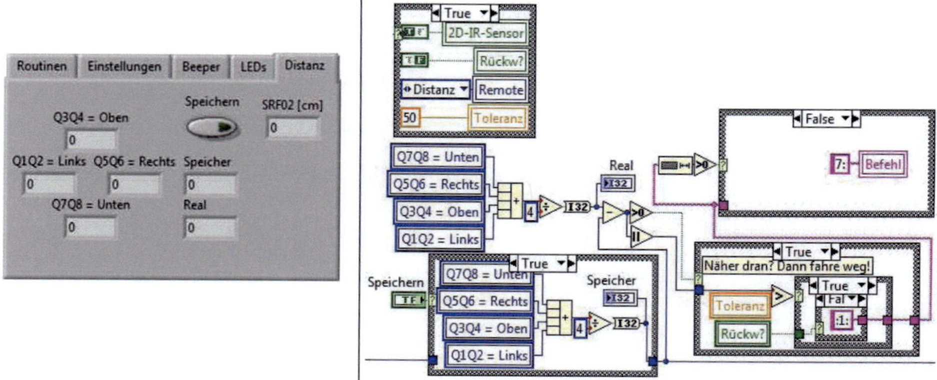

Abbildung 25 – Abstandhalter: links: Die Registrierkartenseite „Distanz" enthält die vier numerischen Werte des 2D-IR-Sensormoduls und des SRF02-Ultraschallmoduls (siehe 2.7.8); durch Drücken des Tasters „Speichern" wird der Mittelwert der vier IR-Sensoren abgesichert und mit dem momentanen Mittelwert verglichen; rechts: Darstellung des Programmausschnitts im Blockdiagramm

3.5.7 Direkteingabe von Befehlen

Neben den verschiedenen Routinen und Fernsteuerungslösungen gibt es auch die Möglichkeit, Befehle direkt in einem Dropdown-Menü, also ein Menü mit auswählbaren Einträgen, zu senden (siehe Abbildung 26). Dabei können die Befehlsstrings direkt mit einem Schlüsselbegriff wie „vorwärts" verknüpft werden.

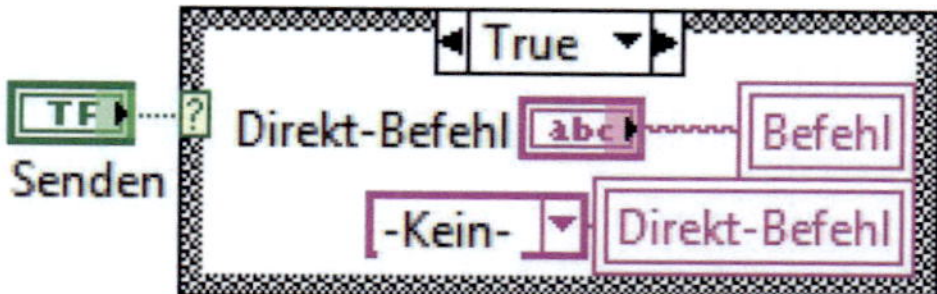

Abbildung 26 – Auswahl von Befehlen in einer Dropdown-Liste; nach Drücken des Tasters „Senden" wird der Befehl übermittelt und die Dropdown-Liste wird auf den Ursprungswert „-Kein-" zurückgesetzt

Ebenso können Fahrbefehle direkt durch Drücken einer Pfeiltaste in der Registrierkarte „Einstellungen" im Frontpanel eingegeben werden (Abbildung 27).

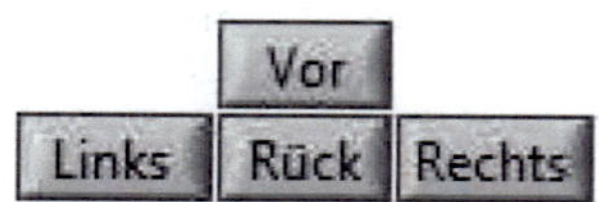

Abbildung 27 – Steuerbefehle können auch durch Mausklick im Frontpanel erzeugt werden

Die verschiedenen Routinen können nicht nur durch Drücken der Taster im Frontpanel aktiviert werden, sondern auch durch die fünf Taster der M32-Erweiterung und des Tasters des Snake Vision Moduls (siehe Abbildung 28). Welcher Taster dabei welche Routine aktiviert, zeigt Tabelle 4.

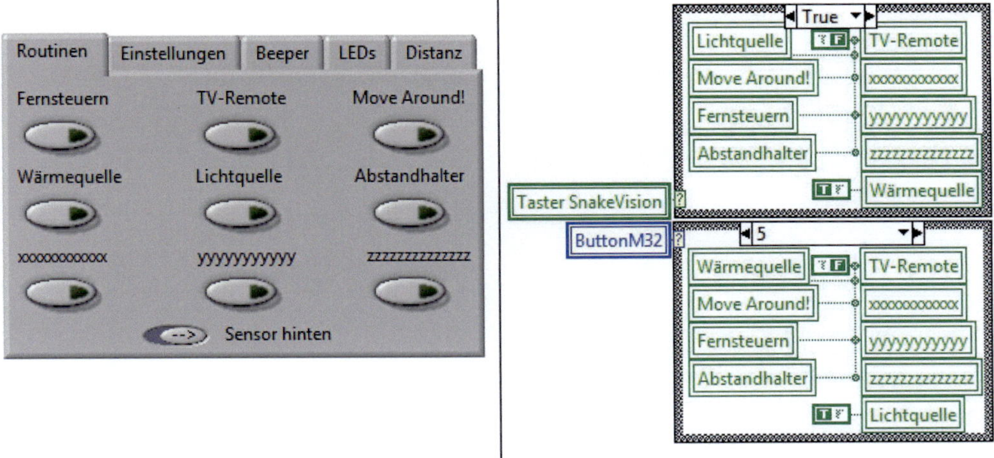

Abbildung 28 – Die Auswahl einer Routine kann im Frontpanel (links) oder direkt über die Taster des Erweiterungsmoduls M32 oder des Snake Vision Moduls erfolgen (Blockdiagramm, rechts)

Taster	Routine
1 – M32	Fernsteuerung
2 – M32	TV-Fernbedienung
3 – M32	MoveAround!
4 – M32	Lichtquelle
5 – M32	Abstandhalter
Snake Vision	Wärmequelle

Tabelle 4- Zuordnung der Taster

3.6 Tongeber

Die Module M32 und M128 enthalten je einen Piezo-Tongeber. Der abzugebende Ton kann in Dauer und Höhe, also Frequenz, eingestellt werden. Die Einstellmöglichkeiten im Frontpanel sowie die Hintergrundfunktionen des Blockdiagramms zeigt Abbildung 29.

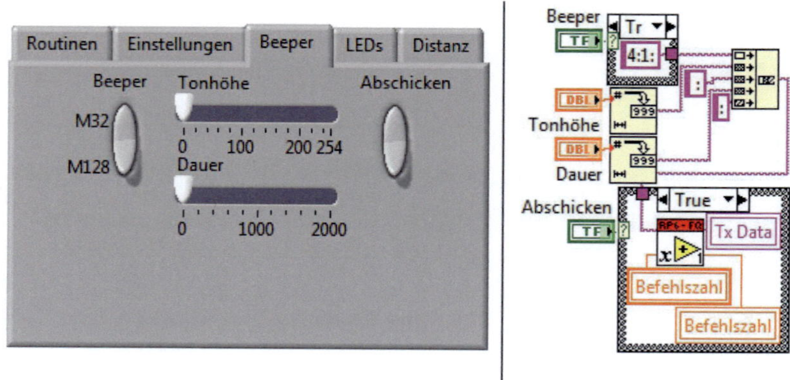

Abbildung 29 – Die Beeper der Module M32 und M128 können in Tonhöhe und Dauer eingestellt werden

3.7 Abstandserkennung

Im Frontpanel wird ein Bild des RP6 mit seiner Umgebung dargestellt. Dabei werden Bumperanschläge (je zwei rote LEDs vor und hinter dem RP6 in Abbildung 30) sowie Objekte in drei Entfernungsstufen (je drei rote, gelbe und grüne LEDs vor und hinter dem RP6 in Abbildung 30) angezeigt. Werden links und rechts vor dem ACS Objekte erkannt, wird zusätzlich die mittlere LED im jeweiligen Abstand aktiviert.

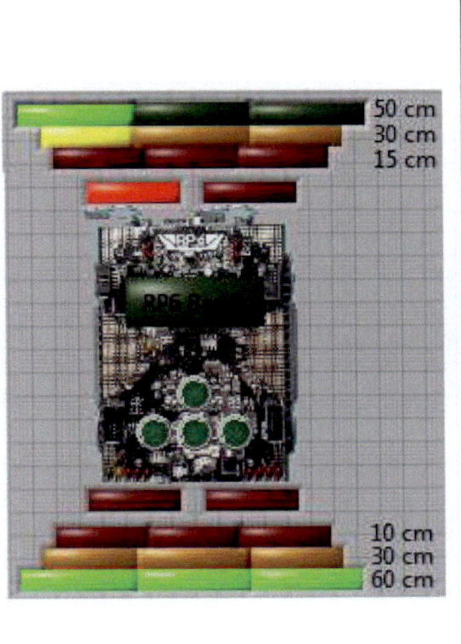
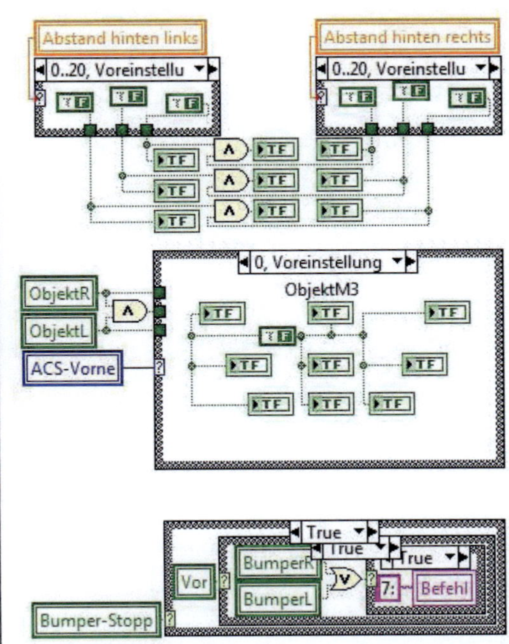

Abbildung 30 – Die Abstandserkennung vorne und hinten wird im Blockdiagramm für drei Entfernungsstufen generiert; werden links und rechts Objekte wahrgenommen, wird eine zusätzliche LED in der Mitte geschaltet; hier befindet sich ein Objekt links vor dem RP6 in 30cm Entfernung, ebenso befindet sich ein Gegenstand etwa 60cm hinter dem RP6; zusätzlich ist der linke Bumper gedrückt

Während das ACS am Heck des RP6 nur an- oder abgeschaltet werden kann (siehe 2.7.1), kann das vordere ACS in vier Stufen (aus, geringe, mittlere oder hohe Reichweite) eingestellt werden. Dabei wird der eingestellte numerische Wert (0, 1, 2 oder 3) stets mit dem in einem Register gespeicherten Wert verglichen. Weichen die Werte voneinander ab, wird ein Befehl mit den neuen Parametern an den RP6 übermittelt und der Registereintrag wird mit dem neuen Wert überschrieben. Sind die Werte identisch, geschieht weiter nichts. Das verdeutlicht Abbildung 31. Der Befehlsparameter des ACS ist die Zehn.

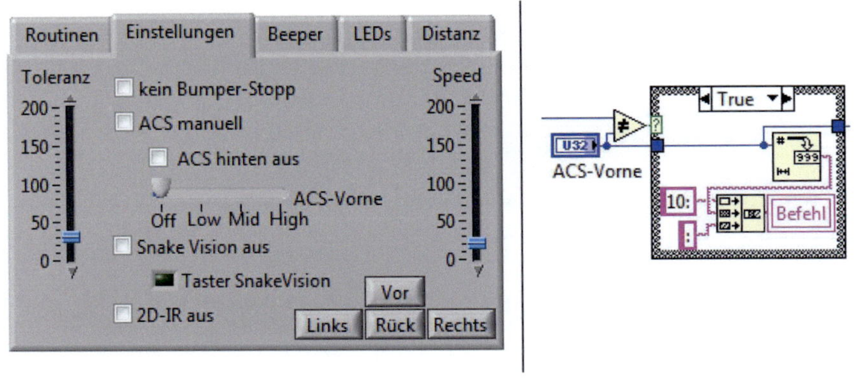

Abbildung 31 – Das ACS vorne kann in vier Stufen eingestellt werden (links, Mitte: Off, Low, Mid und High)

In einer Registrierkarte kann außerdem ausgewählt werden, ob der RP6 automatisch bei Auslösen eines Bumpers in momentaner Fahrtrichtung stehen bleibt (siehe Abbildung 30, rechts unten und Abbildung 31, links oben „kein Bumper-Stopp").

3.8   LEDs und I/Os

Eine wichtige while-Schleife stellt diejenige zur (De-)Aktivierung aller LEDs der drei Module Basis, M32 und M128 dar, da die LEDs auch genutzt werden, um weitere Verbraucher an- und auszuschalten. Diese while-Schleife ist sehr umfangreich und besteht vorwiegend aus je zwei Case-Strukturen für jedes Modul, in welcher einerseits die LEDs einzeln, andererseits sämtliche LEDs eines Moduls geschaltet werden können. Das Schalten geschieht dabei durch Mausklick auf der jeweiligen LED im Frontpanel. In den Case-Strukturen werden dann die Befehlsstrings dementsprechend zusammengesetzt, wobei der alte Wert in einem Register gespeichert und stets mit den aktuellen Werten verglichen wird. Die Zusammensetzung der einzelnen booleschen Werte zu einem Numerischen übernimmt ein SubVI „LED-Zähler.vi". Exemplarisch zeigt das Abbildung 32.

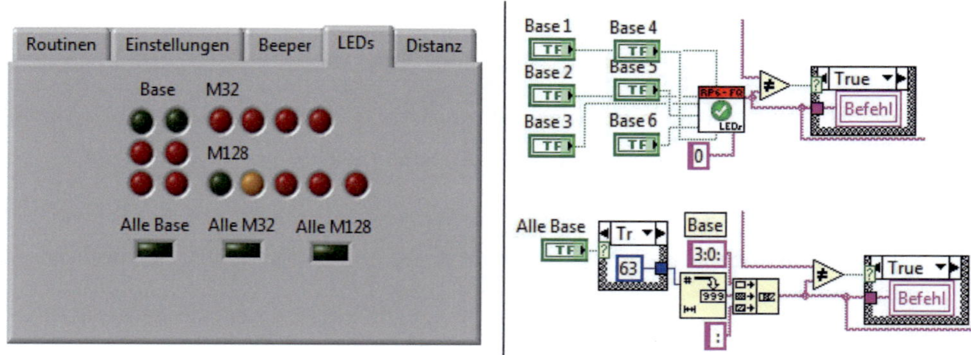

Abbildung 32 – Schaltung der LEDs der drei Module; links: die LEDs im Frontpanel sind boolesche Schalter und können durch einen Mausklick (de-)aktiviert werden; rechts: exemplarische Darstellung des Blockdiagramms zum Schalten der LEDs der Basis

Da die LEDs auf den drei Modulen auch im Frontpanel direkt ersichtlich sein sollen, wird auch stets die richtige LED auf dem Bild des RP6 (siehe Abbildung 30, links) aktiviert.

Sämtliche Verbraucher, welche nun schaltbar realisiert werden sollen, werden einfach mit ihren Transistoren an der jeweiligen LED, welche sie schaltet, angeschlossen. Zusätzlich wird der Schalter für die jeweilige Aktion im Blockdiagramm mit der entsprechenden LED verknüpft.

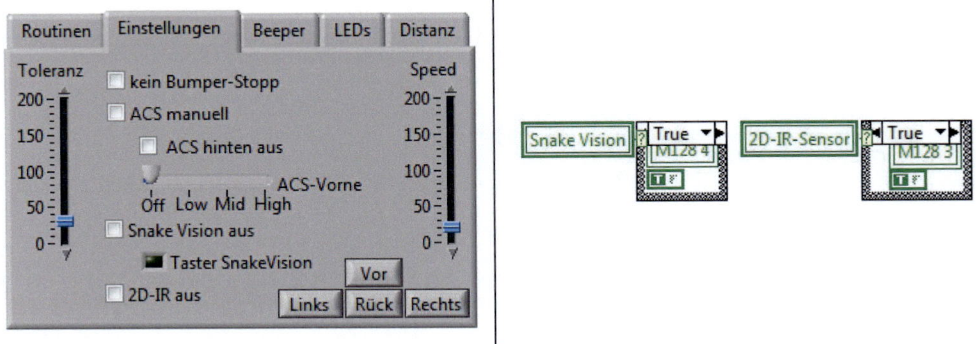

Abbildung 33 – Schaltung von Verbrauchern; links: in der Registrierkarte „Einstellungen" können die Verbraucher an- und abgeschaltet werden; rechts: im Blockdiagramm werden sie mit der jeweiligen LED verknüpft

Erwähnenswert ist in Abbildung 33 das Kontrollkästchen „ACS manuell", mit welchem man das ACS entweder manuell über die Schalter „ACS hinten" und „ACS vorne" aktivieren kann. Stellt man jedoch „ACS manuell" auf „ACS automatisch", wird, sobald sich der RP6 vorwärts bewegt, das vordere ACS auf die mittlere Entfernungsstufe eingestellt und das hintere ACS deaktiviert. Ebenso wird bei einer Rückwärtsfahrt das ACS am Heck des RP6 angeschaltet, wogegen das vordere ACS deaktiviert wird. Auch bei Ausführung einer Routine, welche ein ACS benötigt (siehe 3.5.3), wird das jeweilige ACS automatisch aktiviert. Das zeigt Abbildung 34.

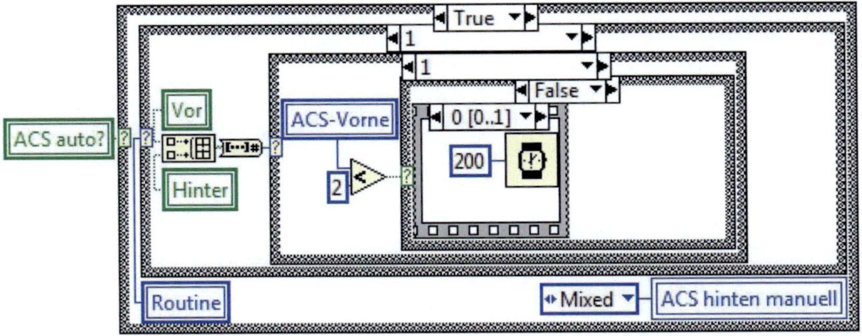

Abbildung 34 – Automatische Aktivierung der ACS vorne und hinten bei Bewegung („vor" und „hinter") des RP6

3.9   Einbinden eines Kamerabildes

Die letzte while-Schleife befasst sich ausschließlich mit dem Einbinden des Kamerabildes (siehe 2.7.7) in das Frontpanel und mit der Verarbeitung dieses Bildes.

Dafür muss zunächst die Kamera initialisiert werden. Dies geschieht vor der while-Schleife innerhalb der Initialisierungsphase (vergleiche 3.2). Danach wird in der Schleife das Kamerabild aus dem USB-Anschluss generiert, auf die Größe des Anzeigeinstruments im Frontpanel skaliert und angezeigt.

Die Kamera kann in der Registrierkarte „Kamera-Einstellungen" an- und abgeschaltet werden. Außerdem können hier weitere Parameter für die Verarbeitung des Kamerabildes eingesehen und verändert werden.

In der Registrierkarte „Verarbeitung" wird ebenfalls das Kamerabild angezeigt, jedoch nur alle 200ms. In der Zwischenzeit wird das Bild auf 2€-Münzen durchsucht, welche dann im Anzeigeinstrument durch rote Kreuze markiert werden.

Diese Verarbeitung basiert auf dem Vision Assistant von LabVIEW. Hier kann das Bild zunächst auf Graustufen reduziert, im Kontrast verändert oder anderweitig verarbeitet werden. Danach erfolgt ein Vergleich des Kamerabildes mit einem gespeicherten Musterbild eines zu suchenden Objektes, in diesem Fall einer 2€-Münze. Dieses Muster wird Template genannt.

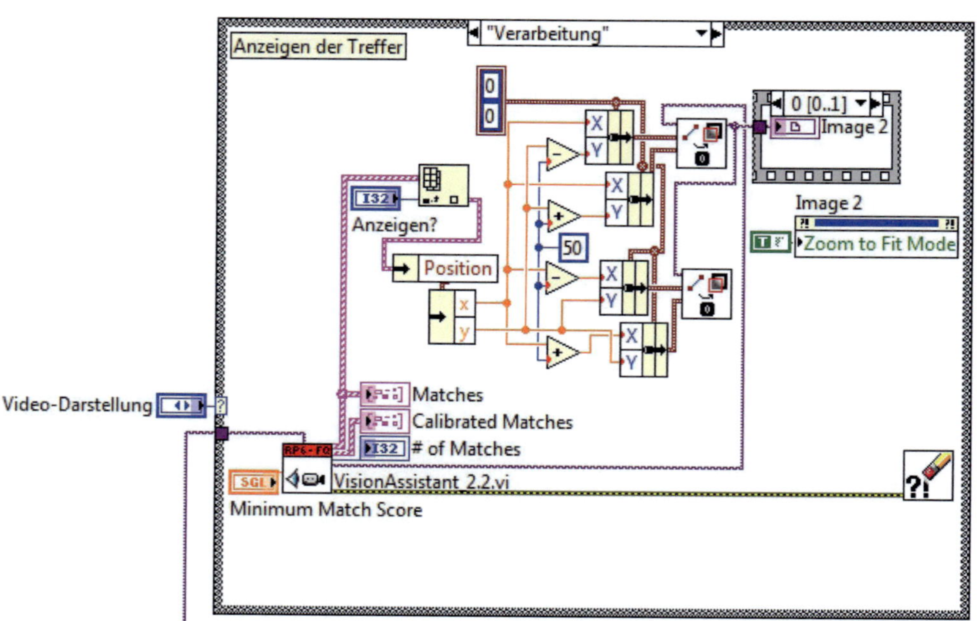

Abbildung 35 – Verarbeitung des Kamerabildes durch den Vision Assistant; die Koordinaten der gefundenen Objekte werden mit Kreuzen versehen; der „Minimum Match Score" gibt an, wie genau das gefundene Objekt dem Template entsprechen soll

Es muss jedoch erwähnt werden, dass eine Verarbeitung von Kamerabildern enorm aufwendig und schwierig ist, da das gespeicherte Template unter Umständen in anderen Lichtverhältnissen oder unter einem anderen Winkel aufgenommen wird, als das zu bearbeitende Bild. Daher gibt es viele Fehlerquellen.

Dennoch wird diese Art der Bildverarbeitung in dieses Projekt miteinbezogen, da sie im Folgenden auf Aufnahmen eines Rasterkraftmikroskops angewendet werden soll (vergleiche 4.4). Dort gelingt die Verarbeitung besser, da standardisierte Umgebungsverhältnisse geschaffen werden können. Eine detailliertere Beschreibung des Vision Assistant erfolgt in 6.4.

3.10 Frontpanel

Das Frontpanel soll dem Benutzer umfangreiche Informationen liefern, ohne eine Überflutung an Informationen zu verursachen. Daher wird das Frontpanel in mehrere Bereiche gegliedert (siehe Abbildung 36).

In der Mitte sind die wichtigsten Instrumente zur Abstandserkennung, für die Bumper, die Geschwindigkeit, die Batteriestände und den Stromverbrauch dargestellt, ebenso die Registrierkarte für das Kamerabild. Hier werden auch die Zustände aller LEDs der drei Module sowie die Bereitschaft des RP6 angezeigt.

Darunter sind weniger wichtige Anzeigen angebracht: Die momentanen Servomotorpositionen aller elf möglichen Servomotoren, sowie die Daten der Helligkeitssensoren und des Mikrophons.

Die Sensorwerte für Helligkeiten und Wärmestrahlung werden nur in den jeweiligen Routinen (vergleiche 3.5.4 und 3.5.5) benötigt, weswegen sie hier als weniger wichtig eingestuft werden.

Ganz rechts befinden sich eine Registrierkarte, welche Informationen zu den empfangenen und gesendeten Daten enthält, sowie weitere, für den Benutzer nicht primär wichtige Angaben.

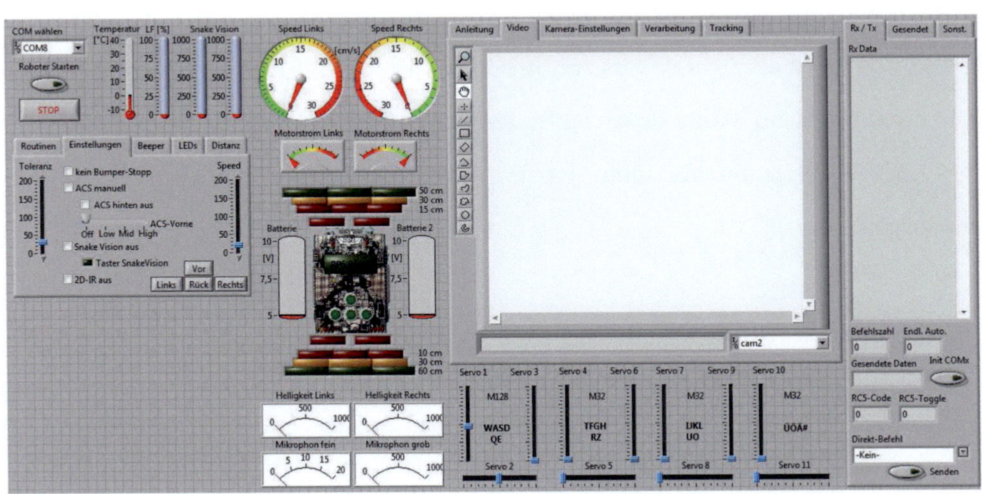

Abbildung 36 – Das Frontpanel: hier werden alle Sensoren, sowie das Kamerabild und die Stellung der Servomotoren graphisch dargestellt; drei Registrierkarten schaffen Übersichtlichkeit

Links steht der Bereich, in welchem das Programm und der Roboter gestartet und beendet werden können und in dem die verwendete serielle Schnittstelle ausgewählt werden kann. Daneben stehen wiederum weniger bedeutende Sensorwerte: Temperatur, Luftfeuchtigkeit und Wärmestrahlung.

In der Registrierkarte links werden viele Einstellungen zusammengefasst. Hier können Routinen geschaltet, LEDs und Beeper gesetzt, Verbraucher aktiviert und das ACS eingestellt oder automatisiert werden. Auch die Sensorwerte des 2D-IR-Abstandssensors aus der Routine „Abstandhalter" (vergleiche 3.5.6) sowie des Ultraschall-Abstandssensors SRF02 werden hier zusammengefasst.

Das Gesamtkonzept dieses Roboters umfasst nun drei Mikrocontroller, ein Bluetoothmodul, eine Vielzahl von Sensoren, sechs Servomotoren und zwei Getriebemotoren, viele, teilweise ultrahelle LEDs und ein LC-Display. Damit steigt der Strombedarf enorm. Es zeigt sich, dass bei laufenden Motoren nur noch alle zwei bis vier Sekunden neue Daten vom RP6 gesendet werden.

Das Problem kann nach einigen Tests auf die Stromversorgung und auf den internen Datenbus I^2C zurückgeführt werden. Zunächst wird die Frequenz des Datenbusses von 100kBit/s auf 400kBit/s erhöht.

Danach werden für die Hauptmodule und für das Modul M64 gesonderte Stromversorgungen in Form zweier getrennter Akkupakete mit je 2700mA realisiert. Somit kann das Problem größtenteils behoben werden. Jedoch bleibt ein geringer Anstieg der Zeitspanne zwischen zwei Datensätzen von 240ms auf 1000ms, welcher auf die verwendeten Spannungsregler des RP6 zurückzuführen ist. Diese können bei einem Strombedarf von mehr als 1A nicht mehr genügend nachregeln.

Dieses Problem kann jedoch durch getrennte Spannungsregler für die einzelnen Module gelöst werden, wobei die Spannungsquelle nicht unbedingt eine unterschiedliche sein muss.

Der Bedarf von mehr als zwei Akkus zur Stromversorgung ist nicht notwendig.

Darüber hinaus soll im Weiteren anstelle der Bluetooth- wahlweise eine leistungsstärkere Wireless-LAN-Verbindung für eine bessere Kommunikation zwischen Computer und Roboter sorgen.

4 Anwendungsmöglichkeiten in der Nanostrukturierung

Nun wird die in 3.9 erläuterte Bildverarbeitung auf eine Molekülsuche angewandt. Die bei der Funkkamera auftretenden Probleme durch die Aufnahme unter verschiedenen Lichtbedingungen und unterschiedlichen Winkeln können hier minimiert werden, da stets ähnliche Umweltbedingungen im Mikroskop umgesetzt werden können. Dies wird in 4.2 näher erläutert.

Formen gezielter Strukturierung von Oberflächen mittels AFM gelangen Lu Fu *et al.* und Chad A. Mirkin *et al.* [47, 48] durch eine Dip-Pen-Nanolithographie. Dabei trennt die Cantilever und die Oberfläche ein Flüssigkeitsminiskus. Durch Kapillarkräfte werden Moleküle gezwungen, von der Spitze des AFM auf die Oberfläche überzugehen.

Es können aber auch die zwischen Spitze und Probe wirkenden Kräfte genutzt werden, um Partikel auf der Oberfläche zu bewegen, sie also einerseits mit Hilfe von repulsiven, andererseits mit attraktiven Kräften kontrolliert in der Größenordnung der atomaren Auflösung zu bewegen und letzten Endes in eine gewünschte Struktur zu bringen.

Dabei sind nicht nur Kräfte zwischen Spitze und dem zu bewegenden Molekül oder Atom entscheidend, sondern auch die von der Probenoberfläche wirkenden Kräfte [15].

4.1 Das Rasterkraftmikroskop

Das Rasterkraftmikroskop (AFM) entwickelte sich in den vergangenen Dekaden stark weiter, bis hin zu Mikroskopen, welche atomare Kräfte ebenso messen können, wie den Tunnelstrom – sie vereinen also die Eigenschaften eines AFM mit denen eines Rastertunnelmikroskops (STM) [49, 50, 51].

Ein AFM ist vorwiegend aus fünf Einheiten aufgebaut. Die Probe befindet sich auf einer Rastereinheit, meist piezoelektrische Kristalle, welche eine präzise Bewegung der Probe gegenüber der Spitze erlauben. Die Rastereinheit ist an eine Regeleinheit angeschlossen. Die Mikroskopspitze stellt eine Cantilever dar. Sie ist dem Prinzip nach eine Blattfeder, jedoch beträgt die Größe der Spitze nur einige µm. Wirken atomare Kräfte zwischen Probe und Cantilever, kommt es zu einer Verbiegung derselben. Diese kann dann wiederum in einer Detektionseinheit bestimmt und in einem Computer als Oberflächentopographie dargestellt werden.

Die Detektionseinheit besteht häufig aus einem auf die Cantilever gerichteten Laser, dessen Reflektionen von einer vierfachen Photodiode gemessen werden.

Wird das AFM im STM-Modus verwendet, beruht die Berechnung der Topographie auf dem quantenmechanischen Tunneleffekt. Nähert man die Spitze nah genug an die Probe, kommt es zu einer Überschneidung der Wellenfunktionen der beiden Oberflächen. Durch die angelegte Spannung, welche hier zwischen 10mV und 100mV liegt, können Elektronen den als Potentialbarriere wirkenden Zwischenraum überwinden. Es entsteht ein Tunnelstrom, welcher in erster Näherung wie folgt dargestellt werden kann:

$$I \sim U_T e^{-c\sqrt{\Phi}d}$$

Dabei bezeichnet d den Abstand zwischen Probe und Spitze, U_T ist die anliegende Spannung, Φ beinhaltet die Eigenschaften der Potentialbarriere und c ist eine Konstante [52, 53].

Der Tunnelstrom sinkt also exponentiell mit dem Abstand d zwischen Probe und Spitze, wodurch eine exakte Berechnung des Abstandes erfolgen kann.

4.2   Verwendete Proben und Methoden

Im Vorfeld werden CO-Moleküle auf eine Cu(111)-Oberfläche aufgetragen (siehe Abbildung 37). Für die Probenpräparation sei auf Anhang 6.5 verwiesen.

Von der so erhaltenen Probe werden Messungen mit einem STM durchgeführt. Dabei wird der Tunnelstrom durch Nachregelungen der Piezoröhren stets konstant gehalten. Da die Elektronendichte in der Umgebung der CO-Moleküle niedriger ist als diejenige der Cu-Oberfläche, Ladungsträger also durch die CO-Moleküle verdrängt werden, muss die Spitze über CO-Molekülen näher an die Probe herangeführt werden, um einen konstanten Strom zu gewährleisten. Durch die gleichen Ausgangsbedingungen Spannung, Strom und den aus den Elektronendichten resultierenden z-Koordinaten sind die Aufnahmen – anders als bei der Bildverarbeitung in 3.9 – stets vergleichbar.

Das Ergebnis solcher Aufnahmen ist in Abbildung 37 gezeigt. Hier sind verschiedene Proben dargestellt; dennoch ist die Struktur der CO-Moleküle in allen Aufnahmen identisch, wodurch eine Suche nach einem Muster eines solchen CO-Moleküls plausibel wird.

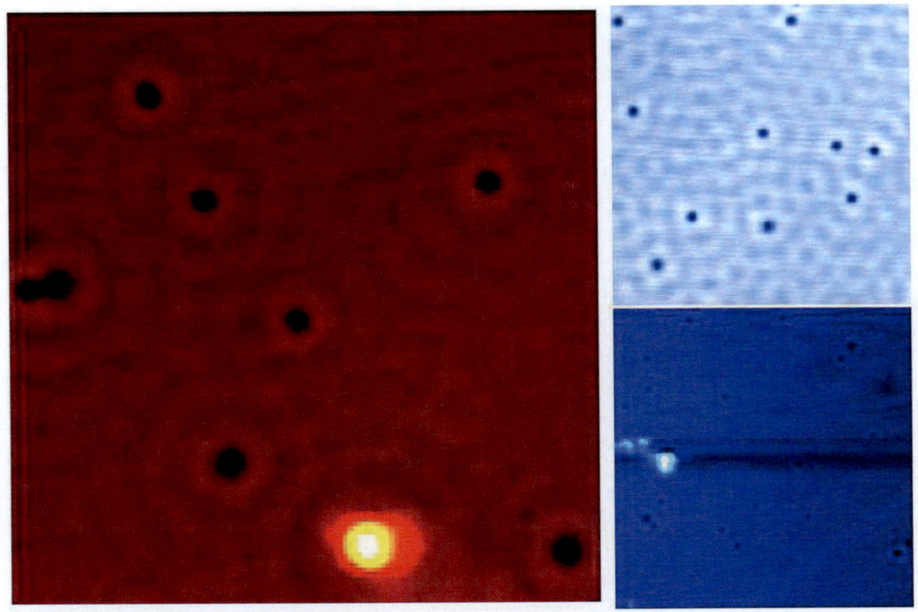

Abbildung 37 – STM-Aufnahmen von CO-Molekülen auf Cu(111); diese Bilder zeigen die Vergleichbarkeit von CO-Molekülen in verschiedenen STM-Aufnahmen

Die erhaltenen Daten sollen nun auf CO-Moleküle durchsucht werden.

Die weiterführende Idee dabei ist, dass die Moleküle einmal automatisiert gefunden, von der Mikroskopspitze aufgenommen und an definierten Orten abgelegt werden.

Dadurch wird es möglich, Schaltkreise wie Gatter im Nanometermaßstab aufzubauen und zu schalten [54]. Dieser Vorgang ist bislang mühsam und muss manuell erfolgen [16]. Eine automatisierte Fertigungstechnik für Schaltungen dieser Größenordnung wäre eine große Innovation.

Den ersten Schritt, das Auffinden von gewünschten Molekülen und das Ausgeben ihrer Positionen, wird in 4.4 erläutert.

4.3   Bildverarbeitungsalgorithmen

Zunächst sollen die wesentlichen Schritte bei der Bildverarbeitung im Vision Assistant von LabVIEW erläutert werden.

Die Pixel eines Bildes werden in einem zweidimensionalen Array gespeichert. Dieses enthält für jeden Pixel die Ortskoordinate (x- und y- Koordinate) sowie einen zugehörigen numerischen Wert, welcher als Farbcode interpretiert werden kann. Im Falle eines Graustufenbildes liegt dieser Wert zwischen Null und Eins [55].

Der Vision Assistant kann aus diesem Array Konturen eines Objektes extrahieren, indem er die einzelnen Pixelwerte vergleicht und somit ein Profil erhält, welches Strukturen erkennen lässt (siehe Abbildung 38).

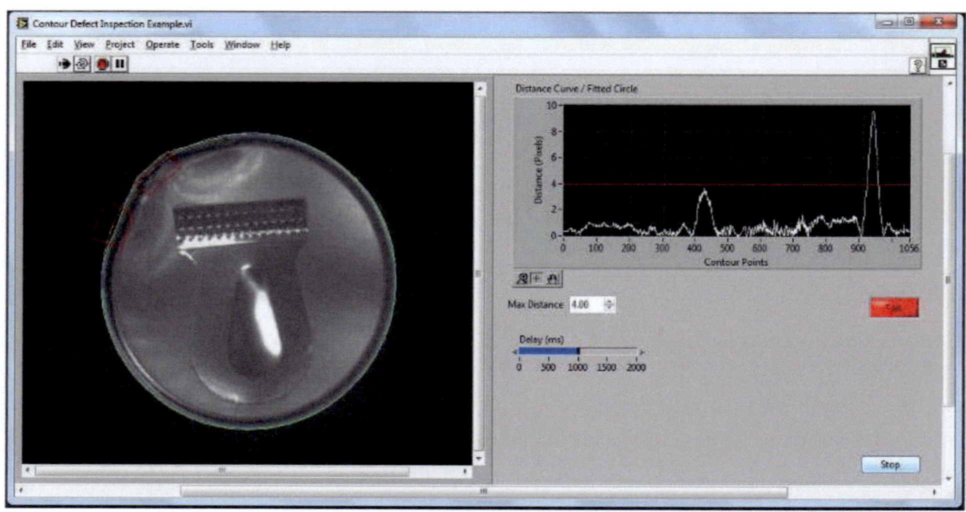

Abbildung 38 – Konturenerkennung und Profildarstellung dieser Kontur in LabVIEWs Vision Assistant; Quelle: [56]

Ebenso wird in dem zu untersuchenden Bild verfahren. Durch Vergleich dessen Profils mit denen des Musters können Strukturen, welche in Form und Größe unter Beachtung von Translationen, Rotationen und Skalierungen dem Muster gleichen, erkannt und deren Positionen ausgegeben respektive im Bild angezeigt werden (siehe Abbildung 39).

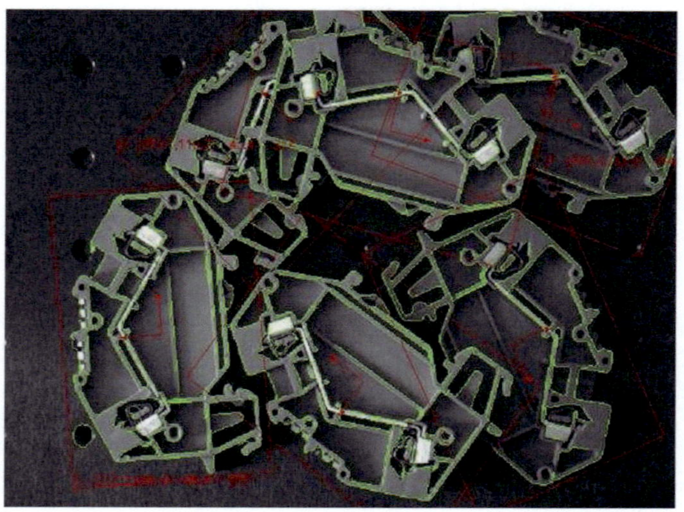

Abbildung 39 – Erkennung von konturenreichen Objekten, welche auch verschieden orientiert und überlagert sein können; Quelle: [57]

4.4 Das LabVIEW-Programm

Das AFM der Firma Nanonis besitzt ein eigenes Dateiformat für ausgegebene Messdaten. Dieses .sxm-Format kann in LabVIEW durch ein SubVI der Firma Nanonis geöffnet und die Daten in Form eines zweidimensionalen Arrays ausgelesen werden. In einem ersten Schritt muss also die zu untersuchende Datei gewählt und zunächst in ein 2D-Array überschrieben werden. Dies wird durch das SubVI „sxm_to_image.vi" erledigt, welches in Abbildung 40 einzusehen ist.

Dieses VI öffnet zuerst die .sxm-Datei, um danach in einem SubVI „Max. & Min. von Array" nach dem größten und kleinsten Wert zu suchen. Nun wird ein neues, nach diesen Extrema skaliertes 2D-Array erstellt (Mitte in Abbildung 40). In der Case-Struktur (unterer Bildrand in Abbildung 40) wird zuletzt dieses 2D-Array in ein Image-Format umgewandelt. Dies geschieht in drei Schritten: Zunächst wird ein Speicherort namens „AFM-Image" geschaffen. Dieser wird dann in der Größe der Länge des Arrays formatiert, um schließlich in dem SubVI „ArrayToImage" in Form eines Image-Formats ausgegeben zu werden.

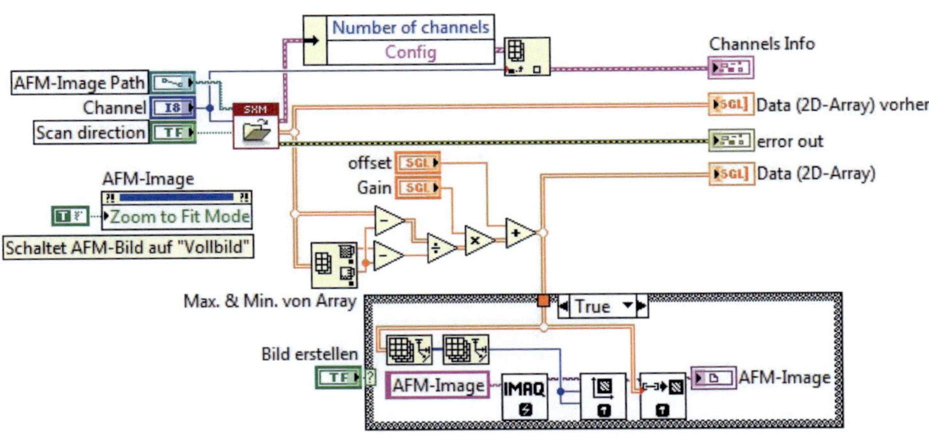

Abbildung 40 – Skalierung des Arrays: zunächst wird die .sxm-Datei eingelesen und in ein 2D-Array umgeschrieben; dieses muss dann nach minimalen und maximalen Werten skaliert und in ein neues 2D-Array gelegt werden, welches dann im SubVI „ArrayToImage" in ein Image-Format umgewandelt wird

Die Umwandlung des 2D-Arrays in ein Image kann im SubVI „sxm_to_image" selbst erfolgen oder gesondert außerhalb dieses SubVIs. Hier wird die Umwandlung außerhalb bevorzugt, da somit direkt im Haupt-VI Bearbeitungen des 2D-Arrays vorgenommen werden können. So ist es möglich, bei Bedarf aus den Daten des 2D-Arrays eine Ebene zu fitten und sie vom Array zu subtrahieren. Dadurch können Verkippungen der Probe im Mikroskop nachträglich heraus gerechnet werden.

Nun muss das 2D-Array also nachträglich zu einem Image-Format umgeschrieben werden. Diese Situation ist in Abbildung 41 dargestellt. Die boolesche Konstante „False" in der Mitte des Bildes stoppt hier die Konvertierung innerhalb des SubVIs.

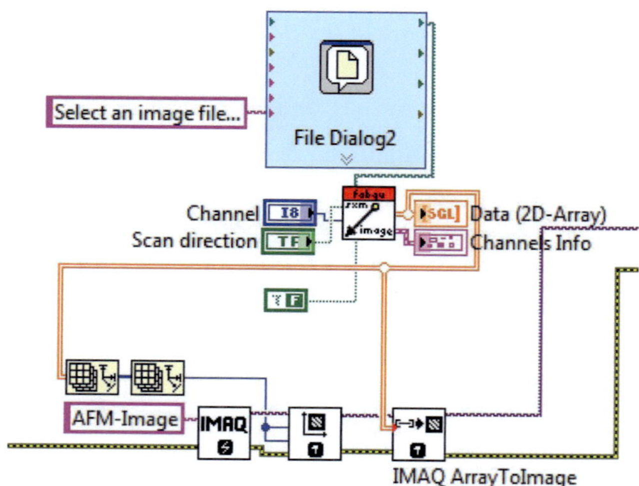

Abbildung 41 – Umwandlung in Image-Format: in einem Benutzerdialog kann die .sxm-Datei ausgewählt werden; sie wird in einem SubVI „sxm_to_image.vi" in ein 2D-Array überschrieben, welches im SubVI „IMAQ ArrayToImage" in ein sog. Image-Format überschrieben wird; dieses kann dann weiter verarbeitet werden

In einem weiteren Schritt werden die z-Koordinaten des Bildes mit einem einstellbaren Faktor multipliziert, wodurch Kontraste verschärft werden. Dies geschieht in einem SubVI „IMAQ MathLookup", wie in Abbildung 42 gezeigt.

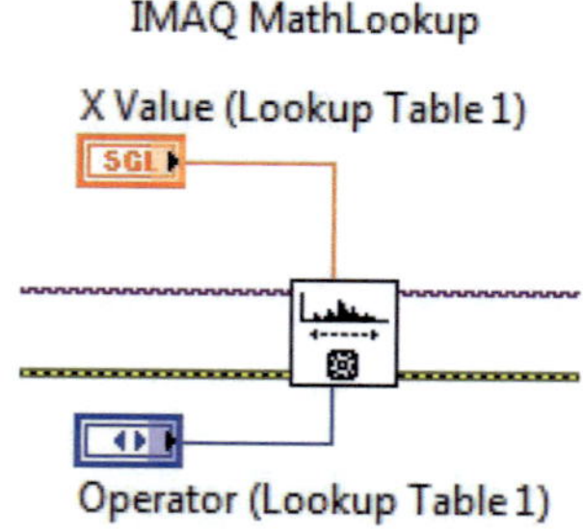

Abbildung 42 – Das Image wird im SubVI „IMAQ MathLookup" linear in den Kontrasten verschärft

Nun kann die eigentliche Bildverarbeitung beginnen. Sie ist mit dem Vision Assistant erstellt, welcher in Anhang 6.4 näher beschrieben wird.

Ein im Vorfeld im Vision Assistant definiertes Template wird in der Bildverarbeitung eingesetzt, um automatisiert ähnliche Strukturen zu identifizieren. Dieser Vorgang benötigt einige SubVIs der Vision Developement Module von LabVIEW und wird in Abbildung 43 dargestellt.

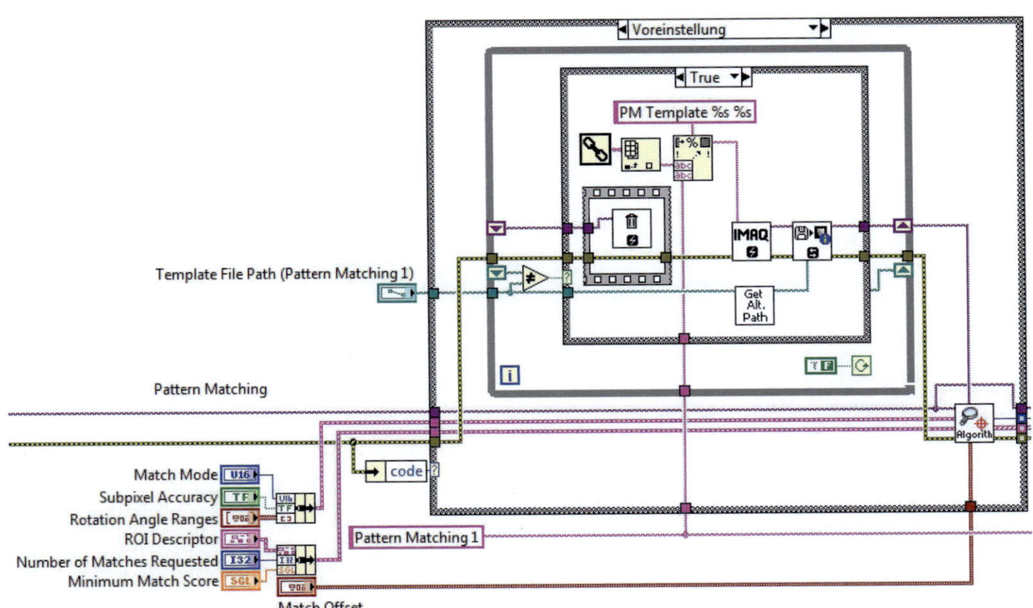

Abbildung 43 – Im sogenannten Pattern Matching findet die eigentliche Bildverarbeitung statt; hier wird nach einem Template, einem Muster-CO-Molekül, gesucht

In diesem Schritt sind verschiedene Einstellungen im Frontpanel (siehe Abbildung 47) möglich (links unten in Abbildung 43), welche die Genauigkeit der Übereinstimmung des Muster-CO-Moleküls mit den gefundenen Strukturen im Bild definieren.

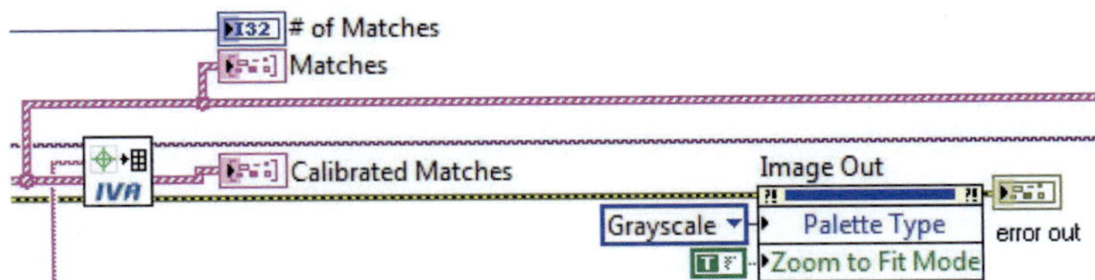

Abbildung 44 – Die Anzahl der Treffer („# of Matches") sowie deren Koordinaten („Matches") werden angezeigt; das Image wird in Graustufen auf die Größe des Anzeigeinstruments skaliert

Nun können Anzahl und Koordinaten der gefundenen Moleküle ausgegeben werden, das Bild wird in Graustufen im Frontpanel angezeigt und auf die Größe des Anzeigeinstruments skaliert.

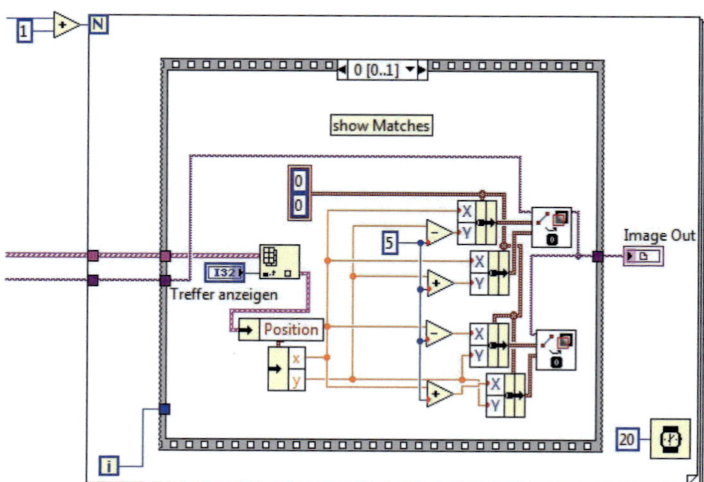

Abbildung 45 – Sämtliche Koordinaten der Treffer werden mit einem roten Kreuz markiert

In einem letzten Schritt werden analog zu Abbildung 35 in 3.9 die gefundenen Objekte mit einem roten Kreuz markiert (siehe Abbildung 45). Dies geschieht durch extrahieren der Trefferpositionen aus dem Array. Diese Positionen besitzen die x- und y-Koordinaten des jeweiligen Treffers. Sie werden zunächst um eine Konstante „5" erhöht respektive vermindert. Die so neu entstandenen Koordinaten werden zwei SubVIs zur Erzeugung einer vertikalen und einer horizontalen Linie mit den Koordinaten als Endpunkte im Image übergeben. Da diese Kreuze für jeden Treffer angezeigt werden sollen, wird dieser Vorgang in eine For-Schleife gelegt. Somit wird das Anzeigen der Treffer für jede Zielkoordinate erneut durchgeführt. Das Ergebnis der Bildverarbeitung ist in Abbildung 47 gezeigt, das Original kann in Abbildung 46 eingesehen werden.

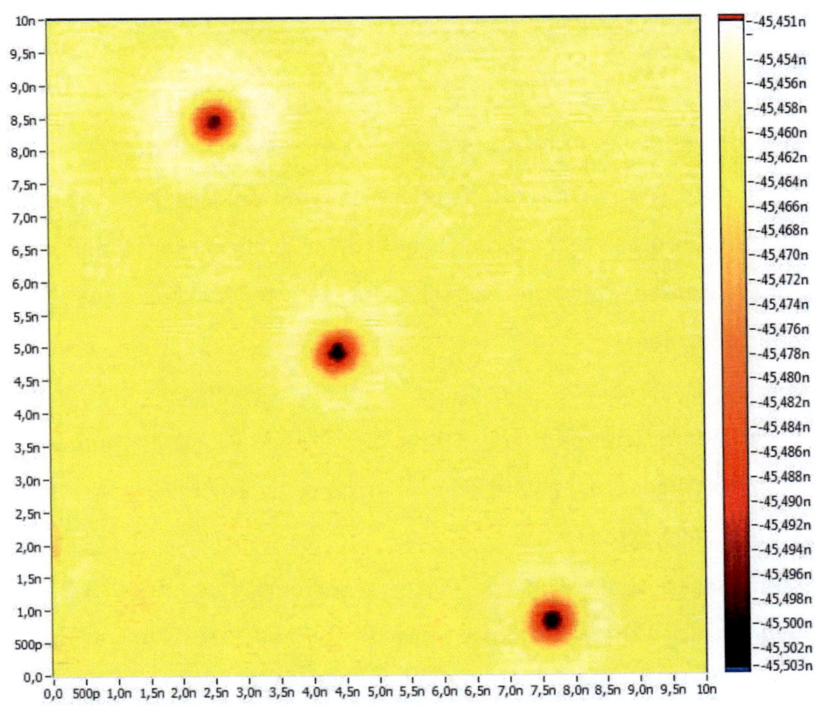

Abbildung 46 – Originaldarstellung der z-Koordinaten der in Abbildung 47 bearbeiteten Mikroskopaufnahme

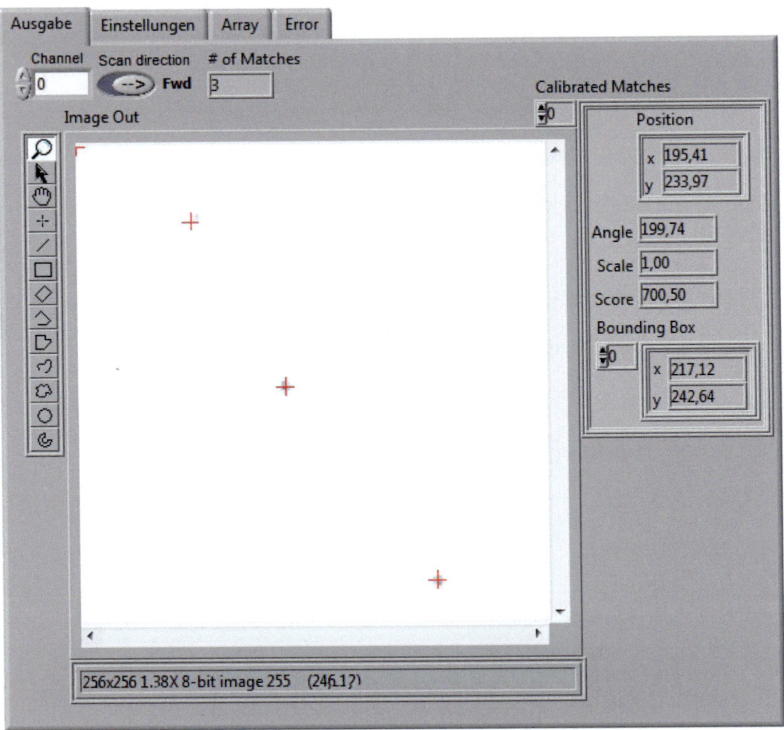

Abbildung 47 – Frontpanel des Programms zur CO-Suche; in der Registrierkarte „Ausgabe" wird das bearbeitete Image mit den Treffern ausgegeben; in „Einstellungen" können Treffergenauigkeit und andere Parameter eingestellt werden; die Karte „Array" zeigt das unbearbeitete 2D-Array aus der .sxm-Datei; die Treffer liegen bei (62,46|40,70), (113,21|130,36) und (195,41|233,97)

5 Resümee und Ausblick

Es wurde gezeigt, wie durch drei Mikrocontroller ein kommerzieller Roboter in einer Master-Slave-Hierarchie programmiert wurde. Dieser ist darüber hinaus mit vielen weiteren Sensoren und Aktoren ausgestattet worden. Die gesamte Steuerung konnte dabei durch ein LabVIEW-Programm auf einem Computer realisiert werden, wodurch einerseits eine Fernsteuerung, andererseits automatisierte Routinen ermöglicht wurden.

Dabei traten vermehrt Probleme auf. Durch den stark gestiegenen Strombedarf sank die Durchsatzrate der Sensordaten an den Computer. Dieses Problem konnte einerseits durch gesonderte Stromversorgungen, andererseits durch eine Erhöhung der Busgeschwindigkeit (vergleiche 3.11) reduziert werden.

Ein interessanter Aspekt ist die Funktionsfähigkeit der Sensoren. Diese, wie in 2.7.6 und 3.9 beschrieben, können durch Umwelteinflüsse teilweise stark beeinflusst und gestört werden. Daher müssen im weiteren Verlauf neue Programmroutinen entwickelt werden, welche auf die Störungen reagieren und sie minimieren können.

Außerdem kann das Projekt in vielen Richtungen erweitert werden. So könnte die Anbringung eines Kompassmoduls zusammen mit der Odometrie des Kettenantriebs für eine einfache Orientierung des Roboters ausreichen. Ein nächster Schritt wäre dann das Anbringen eines GPS-Moduls und das automatisierte Entwerfen von Umgebungskarten anhand der Position des Roboters und der von seinen Sensoren detektierten Objekte [7].

Des Weiteren wurde eine am Robotersystem umgesetzte Routine zur Auffindung von 2€-Münzen in einem neuen Kontext gezeigt: der Nanostrukturierung.

Es wurde mit LabVIEW ein Programm realisiert, welches automatisiert CO-Moleküle auf einer Kupferoberfläche suchen und deren Positionen ausgeben kann.

Der nächste Schritt wäre nun, diese Koordinaten mit der Cantilever des Rasterkraftmikroskops anzufahren, um das Molekül aufzunehmen und zu einer definierten Position auf der Kupferoberfläche zu befördern [15]. Dadurch können Schaltungen im Nanometermaßstab realisiert werden [16].

6 Anhang

6.1 Hauptprogramme auf den Mikrocontrollern

Im Folgenden werden die drei auf den Mikrocontrollern liegenden Programme respektive deren Main-Programme gezeigt.

6.1.1 Das Slave-Programm auf dem Basismodul

```c
int16_t main(void)
{
initRobotBase();//Funktion zur Initialisierung aller
//Hardwarekomponenten

setLEDs(0b111111);    //LEDs werden zur Visualisierung des
//Startvorgangs geschaltet
mSleep(500);          //500ms warten
setLEDs(0b000000);    //LEDs abschalten

//Modul wird als Slave initialisiert
I2CTWI_initSlave(RP6BASE_I2C_SLAVE_ADR);

//Im Folgenden werden alle sog. Handler aktiviert. Das sind
//Funktionen,
//welche auf wichtige Ereignisse (Bumper, ACS, ...) reagieren.
ACS_setStateChangedHandler(acsStateChanged);
BUMPERS_setStateChangedHandler(bumpersStateChanged);
IRCOMM_setRC5DataReadyHandler(receiveRC5Data);
MOTIONCONTROL_setStateChangedHandler(motionControlStateChanged);

powerON();            //Alle Sensoren aktivieren

enableACS();              //ACS aktivieren
setACSPwrHigh();        //ACS auf höchste Reichweite voreinstellen

status.ACSactive = true;   //Verschiedene sog. Flags werden
//gesetzt

status.byte = 0;
interrupt_status.byte = 0;
drive_status.byte = 0;

//Überwacht die Synchronität der Module untereinander
status.watchDogTimer = false;
status.wdtRequestEnable = false;
```

```c
//Stopwatches werden für Funktionen gebraucht, welche eine
//zeitliche Synchronisation benötigen
startStopwatch1();
startStopwatch3();
startStopwatch4();

//***** Hier beginnt der Mainloop *****//
while(true)
{
task_commandProcessor();   //Führt Befehle des Masters aus
task_update();             //Aktualisiert Interrupts
task_updateRegisters();    //Aktualisiert den I2C-Bus
task_RP6System();          //Aktualisiert alle Sensoren
task_MasterTimeout(); //Überprüft die Anwesenheit eines Masters
}
return 0;        //Funktion "Main" benötigt keinen Rückgabewert
}
```

6.1.2 Das Slave-Programm auf dem Erweiterungsmodul M32

```c
int16_t main(void)
{
initRP6Control();      //M32 initialisieren

I2CTWI_initSlave(RP6Control_I2C_SLAVE_ADR);        //Als Slave
initialisieren

initSERVO(255);        //Servomotoren initialisieren

//Verschiedene sog. Flags werden gesetzt
status.byte = 0;
interrupt_status.byte = 0;

//Überwacht die Synchronität der Module untereinander
status.watchDogTimer = false;
status.wdtRequestEnable = false;
setLEDs(0b1111);

ReadMelodyData();          //Kann Melodien spielen
dischargePeakDetector();   //Mikrophonsensor wird initialisiert
startStopwatch1();         //Eine Stopwatch wird gestartet
setLEDs(0b0000);           //LEDs werden abgeschaltet

//***** Hier beginnt der Mainloop *****//
while(true)
{
task_commandProcessor();   //Führt Befehle des Masters aus
task_updateRegisters();    //Aktualisiert den I2C-Bus
task_SERVO();              //Aktualisiert Servopositionen
    }
return 0; //Funktion "Main" benötigt keinen Rückgabewert
}
```

```c
void main(void)
{
    RP6_CCPRO_Init();           //Modul M128 wird initialisiert
//Im Folgenden wird zwei Mal das Display und LEDs gesetzt sowie
//der Beeper aktiviert
    showScreenLCD("RP6 Remotrol", "FabQu @ UR");
    setLEDs(LED1 | LED3 | LED5);
    beep(262, 100, 200);
    setLEDs(LED5 | LED2 | LED4);
    beep(100, 100, 200);
    setLEDs(LED1 | LED3 | LED5);
    showScreenLCD("Uni Regensburg", "Lst. Giessibl");
    setLEDs(LED5 | LED2 | LED4);
    beep(300, 100, 0);
    setLEDs(LED1 | LED3 | LED5);
    beep(400, 100, 0);
    setLEDs(LED5 | LED2 | LED4);
    AbsDelay(500);
    clearLCD();                 //LC-Display wird gelöscht
    setLEDs(LED5);              //Kamera an
    initPCConnection();  //Initialisiert die Kommunikation mit PC

    /***** Hier beginnt der Mainloop *****/
    while(true)
    {
    taskPCConnection(); //Unterfunktion zur Kommunikation mit PC
    }
}
```

6.2   Befehlsparameter

Alle Befehle, welche der PC an den RP6 übermitteln kann, sind in Form von numerischen Parametern aufgebaut. Die verschiedenen Zuordnungen können untenstehender Tabelle entnommen werden.

Befehl	Zahl	Rubrik
CMD_SET_SPEED	1	Erster Parameter;
CMD_SET_SERVO	2	Definiert Art des Befehls
CMD_SET_LEDS	3	
CMD_SET_BEEP	4	
CMD_SET_START_MELODY	5	
CMD_SET_FEATURE	6	
CMD_SET_STOP	7	
CMD_SET_CONNECTION_SPEED	8	
CMD_SET_MELODY	9	
CMD_SET_ACSPOWER	10	
CMD_SET_TEST	11	

CMD_RESET_ID_COUNTER	99	Setzt Befehls-ID zurück
SET_FEATURE_RP6	0	(De-)Aktiviert Module und Erweiterungen
SET_FEATURE_M32	1	
SET_FEATURE_M128	2	
SET_FEATURE_SERVOM32	3	
SET_FEATURE_SERVOM128	4	
SET_FEATURE_LCDM32	5	
SET_FEATURE_LCDM128	6	
SET_FEATURE_SRF02	7	
SET_FEATURE_SRF02_1	8	
SET_FEATURE_SRF02_2	9	
SET_FEATURE_SRF08	10	
LEDS_RP6	0	Testroutinen; Automatisierungsroutinen zum Testen von Aktoren
LEDS_M32	1	
TEST_LCD	0	
TEST_BEEPER	1	
TEST_LED	2	
TEST_EXTERNAL_MEMORY	4	
TEST_I2CLED	5	
TEST_I2CMOTOR	6	
TEST_MIC	7	
TEST_MOTOR	8	
TEST_BATTERY	9	
TEST_ACS	10	
TEST_BUMPER	11	
TEST_LIGHTSENSOR	12	
ACS_POWER_OFF	0	Zweiter Parameter bei der Einstellung des ACS vorne
ACS_POWER_LOW	1	
ACS_POWER_MED	2	
ACS_POWER_HIGH	3	
ANSWER_OK	1	Befehle bei Fehlermeldungen
ANSWER_WRONG_ID	2	
ANSWER_GENERAL_ERROR	3	

Tabelle 5 - Befehlsparameter und ihre Bedeutung

6.3 Schaltplan des M64-Moduls

Im Folgenden wird der Schaltplan zur Platine M64 aus Abbildung 14 gezeigt.

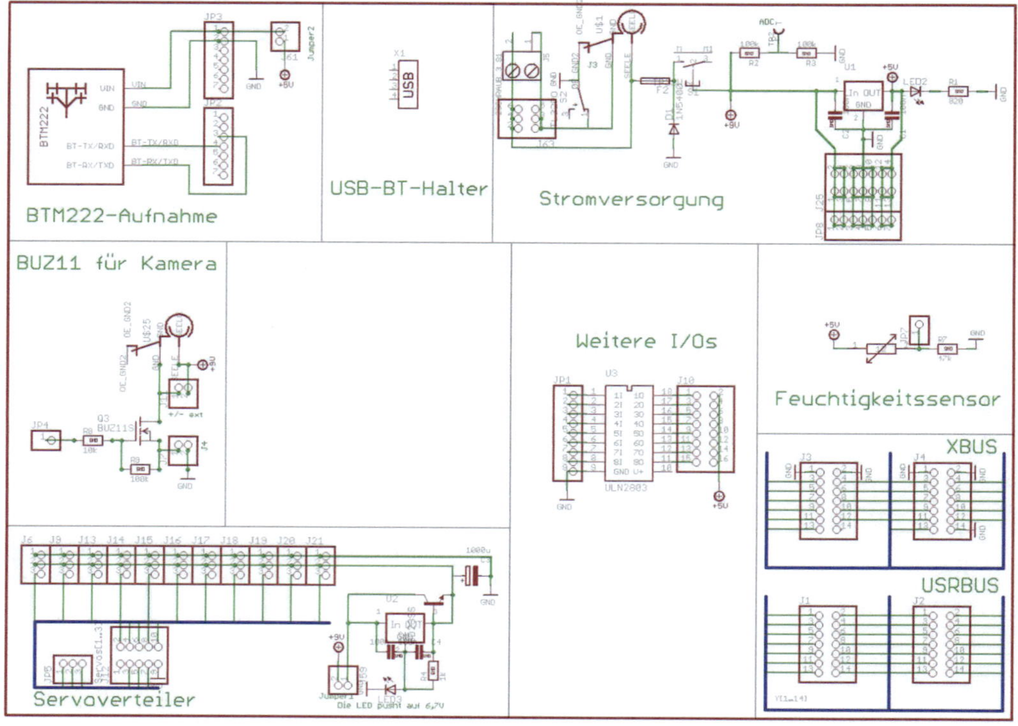

Abbildung 48 – Schaltplan der M64. Im Uhrzeigersinn von oben links: BTM222-Aufnahme. Buchse zum Aufnehmen des USB-Bluetooth-Steckers. Stromversorgung für Zweitakku, Spannungsteiler zur Akku-Spannungsmessung, 5V-Regler. Feuchtigkeitssensor. Bussysteme XBUS und USRBUS. Transistoren zum Schalten von Verbrauchern. Verteiler für elf Servomotoren mit eigenem 5V-Regler, durch LED auf 6,6V angehoben, ein Transistor versorgt die Schaltung zusätzlich mit genügend Strom. Leistungsstarker BUZ11-Transistor zum Schalten der Kamera.

6.4 Der Vision Assistant – eine Anleitung

Der Vision Assistant (im Folgenden VA) von LabVIEW ist für die Bildverarbeitung ein sehr umfassendes Werkzeug, da er es ermöglicht, die Verarbeitungsschritte modular aufzubauen und direkt zu testen. Nach erfolgter Zusammenstellung kann dann die gesamte Verarbeitung automatisiert zu einem VI zusammengestellt und gespeichert werden.

Der VA findet sich im Startfenster von LabVIEW unter *Werkzeuge/Vision Assistant*. Jedoch wird das Vision Developement Modul benötigt [58].

Zunächst muss eine Bilddatei (eine .jpeg- oder .png-Datei, keine .sxm-Datei) geladen werden. Diese kann dann direkt im VA betrachtet werden. Für die Bearbeitung stehen viele verschiedene

Werkzeuge zur Verfügung, wobei hier in erster Linie Farb- und Kontrastbearbeitung sowie das „Machine Vision" zum Einsatz kommen, in welcher die Template-Suche generiert wird.

6.4.1 Graustufenformatierung

Da eine Suche durch Farbgebung, welche je nach Neigung der Cu-Oberfläche variieren kann, getrübt werden würde, kann zunächst der Farbanteil in Graustufen widergegeben werden. Dafür wird in den Processing Funktions (unten, links in Abbildung 49) die Registrierkarte „Color" benötigt. Darin befindet sich das Werkzeug „Color Plane Extraction", in welcher verschiedene Modi zur Auswahl stehen.

6.4.2 Image-Bearbeitung

In der Registrierkarte „Image" können des Weiteren Helligkeitsparameter („Brightness") oder andere Grundfunktionen eingestellt werden. Auch das Einbinden selbst geschriebener SubVIs ist hier möglich.

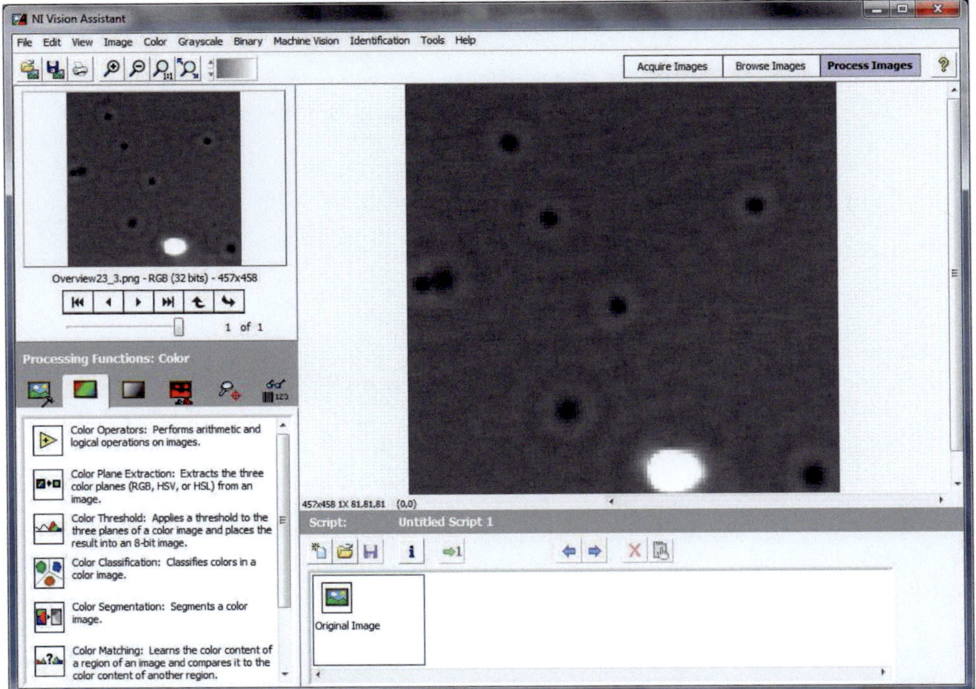

Abbildung 49 – Der Vision Assistant: in der Kopfzeile befinden sich alle verwendbaren Werkzeuge; das Hauptbild zeigt den momentanen Bearbeitungsgrad an; in der unteren Zeile sind die bisher verwendeten Bearbeitungsmodule sichtbar (hier ist noch keines ausgewählt); unten links sind ebenfalls alle Bearbeitungsmodi zusammengefasst

In der Registrierkarte „Machine Vision" kann nun die eigentliche Mustersuche eingestellt werden. Dafür stehen zwei Funktionen zur Verfügung: Das „Geometric Matching", bei welcher ein Template erstellt und auf geometrische Formen analysiert wird. Dieses Werkzeug birgt jedoch in den Versionen 2009, 2010 und 2011 von LabVIEW häufig Probleme, weswegen es hier nicht näher erläutert wird. Es funktioniert allerdings ähnlich dem im Folgenden beschriebenen Werkzeug.

Das hier verwendete Modul heißt „Pattern Matching" und ist in Abbildung 50 dargestellt. Zunächst kann nach Drücken der Taste „New Template" ein gewünschtes Muster im Hauptbild markiert werden. Dieses kann im nächsten Schritt noch bearbeitet werden; so können Areale, welche nicht von der Suche betroffen sein sollen, retuschiert werden. Das Template wird gespeichert und erscheint dann im Fenster der Pattern Matching-Kartei. Nun kann zunächst der Ursprung durch Veränderung der x- und y-Koordinaten auf den gewünschten Ort gelegt werden. Dieser Ursprung entspricht später den Ausgaben von x- und y-Koordinaten der Treffer. Es handelt sich also um einen im Vorfeld einstellbaren Offset.

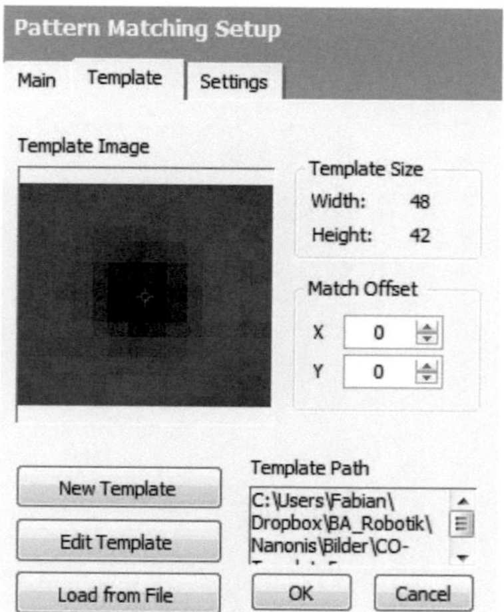

Abbildung 50 – Das Pattern Matching: unter „New Template" kann im Hauptbild ein Objektmuster markiert und bearbeitet werden; unter der Registrierkarte „Settings" können Parameter wie maximale Anzahl der Treffer (Number of Matches to Find), Treffergenauigkeit (Minimum Score) und andere eingestellt werden; je nach Einstellung werden im Hauptfenster die Treffer angezeigt, wodurch eine Präzision der Suche möglich wird

In der Registrierkarte „Settings" können weitere Einflussgrößen eingestellt werden. Die „Number of Matches to Find" entspricht der maximalen Anzahl an Molekülen, welche gesucht werden. Diese Zahl sollte also stets höher sein als die Anzahl der zu erwarteten Molekültreffer. Der „Minimum Score" ist ein Wert von 0..1000, welcher die Treffergenauigkeit darstellt. Dieser muss genau angepasst werden, da ein zu hoher Wert nicht alle CO-Moleküle als solche erkennen wird, ein zu geringer kann jedoch zu fehlerhaften Treffern führen.

Außerdem sollte das Kontrollkästchen „Search for Rotated Patterns" aktiviert und der Winkel auf +/- 90 Grad gestellt sowie auch gespiegelte Treffer erlaubt werden („Mirror Angle").

Nun werden, je nach „Minimum Score" die Treffer im Hauptfenster angezeigt und im unteren Fensterbereich mit ihren x- und y-Koordinaten ausgegeben (siehe Abbildung 51).

Sollten sich Moleküle am Rand und damit unter Umständen nicht mehr im Einzugsbereich der Suchalgorithmen befinden, muss die ROI (Region Of Interest, Region des Suchalgorithmus, grünes Rechteck im Hauptfenster) vergrößert werden. Nach Drücken der Taste „OK" wird das Pattern Matching abgeschlossen und als Modul am unteren Bildrand angezeigt. Durch Doppelklicken auf dieses Modul können die Einstellungen nachbearbeitet werden.

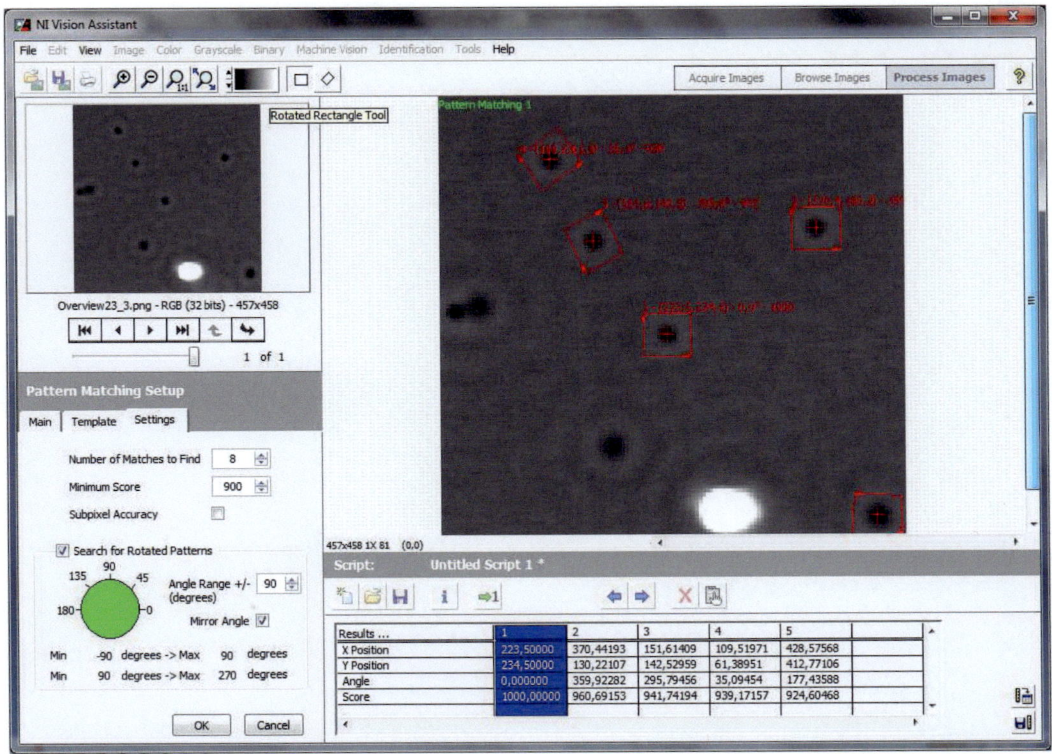

Abbildung 51 – Erfolgtes Pattern Matching: es werden fünf CO-Moleküle gefunden, wobei das sechste vorhandene (linker Bildrand, Mitte) als einziges nicht detektiert wird, da es sich zu nah an einem Fremdmolekül befindet

In einem letzten Schritt kann dann unter *Tools/Create LabVIEW VI…* ein fertiges SubVI erstellt werden. Dieses kann dann in eigenen Programmen zum Einsatz kommen oder manuell nachbearbeitet werden.

Sämtliche erfolgten Einstellungen können unter *File/Save Script As…* gespeichert und für spätere Bearbeitungen aufbewahrt werden.

6.5 Probenpräparation

Die Probenpräparation kann in sechs Abschnitte gegliedert werden. Zunächst wird eine Cu(111)-Oberfläche in drei Durchgängen abwechselnd gesputtert und bei 920K ausgeheilt. Diese Probe wird dann in das Mikroskop transferiert und bis zu einer Temperatur von 4,5K abgekühlt, um thermische Effekte bei der CO-Aufbringung zu vermeiden. In einem nächsten Schritt wird unter dem Rastertunnelmikroskop die Oberfläche auf Sauberkeit untersucht und anschließend beginnt der eigentliche Aufbringungsvorgang der CO-Moleküle. Hierfür wird unter einem Druck von $3 \cdot 10^{-9} mbar$ CO-Gas in die Messkammer geleitet und so die Cu-Oberfläche bedampft. In einem letzten Schritt wird die Oberfläche erneut mit einem Rastertunnelmikroskop abgetastet, um die Oberflächenbeschaffenheit zu messen [50, 51].

6.6   Bilder des RP6

Abbildung 52 – Basisplatine des RP6 mit zusätzlicher Stoßstange (rechts) und BUZ 11 zum Schalten der Sharp
Abstandssensoren (unterer Bildrand, Mitte)

Abbildung 53 – Erweiterungen M32 (links) und M128 (rechts) mit den Bussystemen XBUS und USRBUS (graue
Flachbandkabel an den Seiten jedes Moduls)

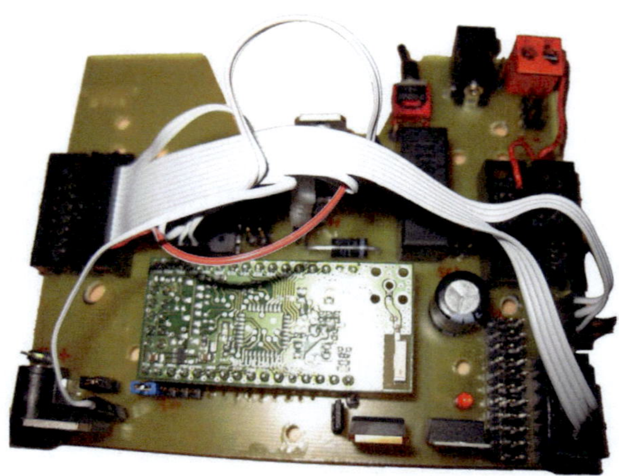

Abbildung 54 – Erweiterung M64 mit Verkabelung und BTM222 (untere Mitte)

Abbildung 55 – Roboter mit allen Modulen und anderen Erweiterungen, ohne Gehäuse

Abbildungsverzeichnis

Literaturverzeichnis

[1]   Michael F. Jischa. *Zukunftsforschung und Zukunftsgestaltung: Beiträge aus Wissenschaft und Praxis*. Springer Verlag.

[2]   IFR Statistical Department. Executive Summary of World Robotics 2011 Industrial Robots and World Robotics 2011 Service Robots. www.worldrobotics.org.

[3]   Tzyh-Jong Tarn, Shan-Ben Chen, and Changjiu Zhou. *Robotic Welding, Intelligence and Automation*. Springer, 2007.

[4]   Licheng Wu, Zhipeng Lian, Guosheng Yang, and Marco Ceccarelli. Water dancer II-A: a non-tethered telecontrollable water strider robot. *InTech Open Access Publisher*, 8:10–17, 2011.

[5]   Jian Huang, Takayuki Hori, Nozomi Toyoda, and Tetsuro Yabuta. Admittance control of a multi-finger arm based on manipulability of fingers. *InTech Open Access Publisher*, 8:18–27, 2011.

[6]   Yasar Ayaz, Atsushi Konno, Khalid Munawar, Teppei Tsujita, Shunsuke Komizunai, and Masaru Uchiyama. A human-like approach towards humanoid robot footstep planning. *InTech Open Access Publisher*, 8:98–109, 2011.

[7]   Yoshiaki Shirai and Shigeo Hirose, editors. *Robotics Research: The Eighth International Symposium*. Springer, 1999.

[8]   Brillante Instrumentierung von Continental, Pressemitteilung.

[9]   Uwe Markus Greschner. *Experimentelle Untersuchung von Maßnahmen gegen Schläfrigkeit beim Führen von Kraftfahrzeugen*. PhD Thesis, Universität Stuttgart, 2001.

[10]   D. Stroscio, J. A.; Eigler. Atomic and molecular manipulation with the scanning tunneling microscope. *Science*, 254:1319 – 1326, 1991.

[11]   R. Stroscio, J. A.; Celotta. Controlling the dynamics of a single atom in lateral atom manipulation. *Science*, 306:242 – 247, 2004.

[12]   Riko Safaric and Gregor Skorc. *From Telerobotic towards Nanorobotic Applications*, Chapter 17, Pages 313–326. University of Maribor, 2010.

[13]   Toshio Fukuda, Fumihito Arai, and Lixin Dong. Nanorobotic systems. *International Journal of Advanced Robotic Systems, InTech*, ISSN: 1729-8806, 2008.

[14]   Yoshitake Masuda. *Nanofabrication of Particle Assemblies and Colloidal Crystal Patterns*, chapter 13, pages 323–354. InTech, 2011.

[15]   Markus Ternes, Christopher P. Lutz, Cyrus F. Hirjibehedin, Franz J. Giessibl, and Andreas J. Heinrich. The force needed to move an atom on a surface. *Science*, 319:1066–1069, 2008.

[16]   A. J. Heinrich, C. P. Lutz, and D. M. Eigler. Molecule cascades. *Science*, 298:1381 – 1387, 2002.

[17]   AREXX Engineering. *RP6 Robot Base*, 2007.

[18]   Dr. Günther Spanner. *AVR-Mikrocontroller in C programmieren*. Franzis Verlag Gmbh, 2010.

[19]   Jörg Wiegelmann. *Softwareentwicklung in C für Mikroprozessoren und Mikrocontroller*. VDE Verlag, 2011.

[20]   Jürgen Wolf. *Grundkurs C: C-Programmierung verständlich erklärt*. Galileo Computing, 2010.

[21]   Ikuo Yamano, Kenjiro Takemura, Ken Endo, and Takashi Maeno. Method for controlling master-slave robots using switching and elastic elements. Proceedings of the 2002 IEEE International Conference on Robotics and Automation, May 2002.

[22]   http://www.arexx.com/.

[23]   Halliday, Resnick, and Walker. *Physics*. Halliday, 2007.

[24]   Changbae Jung and Woojin Chung. Design of test tracks for odometry calibration of wheeled mobile robots. *InTech Open Access Publisher*, 8:1–9, 2011.

[25]   J. Borenstein and Feng. L. Measurement and correction of systematic odometry errors in mobile robots. *IEEE Journal of Robotics and Automation*, 12:869 – 880, 1996.

[26]   J. Borenstein H.R. Everett L. Feng and D. Wehe. Mobile robot positioning - sensors and techniques. *Invited paper for the Journal of Robotic Systems*, 14:231 – 249, 1996.

[27]   AREXX Engineering. *RP6 Control M32 Erweiterungsmodul*, 2007.

[28]   AREXX Engineering. *RP6 C-Control PRO M128 Erweiterungsmodul*, 2007.

[29]   Microchip. TCN75, 2-wire serial temperature sensor and thermal monitor, 2006.

[30]   CadSoft. *EAGLE - Einfach Anzuwendener Grafischer Layout-Editor, Handbuch*. CadSoft Computer GmbH, 2004.

[31]   CadSoft. *EAGLE - Einfach Anzuwendener Grafischer Layout-Editor, Trainingshandbuch*. CadSoft Computer GmbH, 2004.

[32]   Parallax. Sharp GP2D12 analog distance sensor.

[33]   Rayson. Bluetooth ®Module, Class1 BC04-ext module BTM-222.

[34]   Bluecontroller. BCA8-BTM-88PA Datasheet.

[35]   National Semiconductor Corporation. LM3914 dot/bar display driver, 2004.

[36]   PerkinElmer Optoelectronics. TPS334 thermopile sensor product specification, 2003.

[37]   Arexx Engineering. Asuro Snake Vision, SNK-20.

[38]   Robin Gruber and Martin Hofmann. *Mehr Spass Mit Asuro, Band 2*. AREXX Intelligence Centre, 2007.

[39]   Mr General. Manual No.RS002.

[40]   www.robotshop.com.

[41]   Pollin Electronic GmbH. USB-Funkkamera 2,4 GHz.

[42]   www.pollin.de.

[43]   robotikhardware.de. SRF02 Datenblatt.

[44]   Sencera Co. Ltd. H25k5a resistance humidity sensor specification.

[45]   National Instruments Corporation. *LabVIEW TM, Benutzerhandbuch*. National Instruments Corporation, Juni 2003.

[46]   Richard Feynman. There's plenty of room at the bottom. In *Caltech Engineering and Science, Vol 23:5, 22-36*, 1960.

[47]   Richard D. Piner, Jin Zhu, Feng Xu, Seunghun Hong, and Chad A. Mirkin. "dip-pen" nanolithography. *Science*, 283:661–663, 1999.

[48]   Hua Zhang, Robert Elghanian, Nabil A. Amro, Sandeep Disawal, and Ray Eby. Dip pen nanolithography stamp tip. *Nano Letters*, 4:1649–1655, 2004.

[49]   Y. Sugimoto, P. Pou, M. Abe, P. Jelinek, R. Pe´rez, S. Morita, and O. Custance. Chemical identification of individual surface atoms by atomic force microscopy. *Nature*, 446:64, 2007.

[50]   G. Meyer L. Bartels and K.-H. Rieder. Controlled vertical manipulation of single CO molecules with the scanning tunneling microscope: A route to chemical contrast. *Applied Physics Letters*, 71:213, 1997.

[51]   K.-H. Rieder D. Velic E. Knoesel A. Hotzel M. Wolf L. Bartels, G. Meyer and G. Ertl. Dynamics of electron-induced manipulation of individual CO molecules on Cu(111). *Phys. Rev. Lett.*, 80:2004–2007, 1998.

[52]   Gerhard Kern. Rastertunnelmikroskopie - Aufbau eines neuen Versuchs für das Fortgeschrittenenpraktikum. Master's Thesis, Universität Regensburg, Fakultät für Physik.

[53]   H.-J. Güntherodt and R. Wiesendanger. *Scanning Tunneling Microscopy I*. Series in Surface Sciences, 1992.

[54]   K. Eric Drexler. *Nanosystems*. John Wiley & Sons, 1992.

[55]   Fritz Wünsch. *Einführung in Matlab - Die Image Processing Toolbox*, Chapter V. 2010.

[56]   http://zone.ni.com/devzone/cda/tut/p/id/11638h34.

[57]   http://zone.ni.com/devzone/cda/tut/p/id/10338toc0.

[58]   National Instruments. Vision Developement Module, Download. *http://joule.ni.com/nidu/cds/view/p/id/2552/lang/de* .

Danksagung

Ich möchte mich insbesondere bei Prof. Dr. F. Gießibl bedanken, der mir gerne und mit Begeisterung erlaubte, eine für sein Forschungsgebiet außergewöhnliche Arbeit über Robotik zu erstellen. Er ebnete mir den Weg, diese Bachelorarbeit anzufertigen und hieß mich in seiner Arbeitsgruppe herzlich willkommen.

Ein großer Dank geht an Prof. Dr. G. Monkman von der Hochschule Regensburg. Er verfolgte mit Freude mein Projekt, lieferte mir Ideen und Vorschläge und erklärte sich bereit, meine Arbeit als Korrektor aus dem Bereich für Robotik und Automatisierungstechnik zu fördern und zu leiten.

Und es geht ein ganz besonderer Dank an Dr. F. Wünsch. Er half mir von Anfang an, diese Bachelorarbeit durchführen zu dürfen; er öffnete mir Türen, stellte mich Herrn Prof. Dr. Monkman vor und kümmerte sich um sämtliche Belange. Er ließ mich stets in seiner Werkstatt arbeiten, gab mir alle Utensilien, welche ich benötigte und unternahm, was ihm möglich war, um mir zu dieser Arbeit zu verhelfen. Von ihm und seinen Dozenten lernte ich alles, was ich über Elektronik, Mikrocontrollertechnik und die Programmierung weiß. Durch ihn habe ich meine Begeisterung für dieses Gebiet der Physik bekommen.

Ich möchte mich auch bei denjenigen bedanken, welche mir bei Fragen und Problemen der Programmierung, der Elektronik oder der mechanischen Komponenten stets eine große Hilfe waren: bei Christof Ermer für die Unterstützung in allen Mikrocontrollerfragen, bei Sebastian Krug für die Zeit und die Hilfe bei den mechanischen Aufbauten und dem Gehäuse sowie bei Josef Haberkorn, der mir einen ganzen Tag bei der Umsetzung der in EAGLE geplanten Platinen half.

Für viele Ideen, Vorschläge und die Hilfe bei der Programmierung der CO-Molekül-Suche bedanke ich mich sehr bei Thomas Hofmann und Joachim Welker aus dem Lehrstuhl Gießibl. Sie hatten auch während vorlesungsfreier Zeiten stets die Muse, mir meine Fragen zu beantworten.

Ich danke auch den lieben Helfern des Roboternetzes, die mich seit über einem Jahr in meinem Lernprozess in Sachen Programmierung eines Roboters unterstützen und sich jeder meiner Fragen angenommen haben. Hier danke ich insbesondere SlyD, Dirk und Biohazardry. Vor allem aber danke ich FabianE., denn er stellte das Grundgerüst aller von mir auf den Mikrocontrollern verwendeten Programme als Open-Source-Software zur Verfügung.

Und ich möchte mich bei einem ganz besonderen Menschen bedanken, der mich stets unterstützte, auch wenn mich ein kleiner Fehler in einem Programm zur Weißglut brachte, weil ich ihn nicht finden konnte: Bei meiner lieben Freundin Marion. Sie konnte mir stets neue Ideen aus einem ganz neuen Standpunkt darbringen und duldete während der gesamten Dauer dieser Bachelorarbeit, dass ich meine Werkstatt über unsere gesamte Wohnung ausbreitete; von der Küche, über Wohn- und Esszimmer bis ins Arbeitszimmer.

Ich danke Dir.